建筑工程新技术丛书

# 2

# 新型模板技术
# 高效钢筋应用技术
# 钢筋连接技术
# 高性能混凝土应用技术

主　编　林　寿　杨嗣信

副主编　余志成　侯君伟　高玉亭　吴　琏

中国建筑工业出版社

**图书在版编目（CIP）数据**

新型模板技术、高效钢筋应用技术、钢筋连接技术、
高性能混凝土应用技术/林寿，杨嗣信主编．—北京：
中国建筑工业出版社，2009
（建筑工程新技术丛书2）
ISBN 978-7-112-11115-2

Ⅰ．新… Ⅱ．①林…②杨… Ⅲ．①建筑工程-模板-新技
术应用②建筑工程-钢筋-工程施工-新技术应用③建筑工
程-高强混凝土-混凝土施工-新技术应用 Ⅳ．TU755.2-39
TU755-39

中国版本图书馆 CIP 数据核字（2009）第 117537 号

建筑工程新技术丛书

**2**

**新型模板技术**
**高效钢筋应用技术**
**钢筋连接技术**
**高性能混凝土应用技术**

主编 林 寿 杨嗣信
副主编 余志成 侯君伟 高玉亭 吴 琏

\*

中国建筑工业出版社出版、发行（北京西郊百万庄）
各地新华书店、建筑书店经销
北京红光制版公司制版
北京密东印刷有限公司印刷

\*

开本：850×1168 毫米 1/32 印张：6⅞ 字数：198 千字
2009 年 10 月第一版 2010 年 4 月第二次印刷
定价：**17.00** 元
ISBN 978-7-112-11115-2
（18377）

本书是《建筑工程新技术丛书》之二，以新型模板技术、高效钢筋应用技术、钢筋连接技术和高性能混凝土应用技术为专题。主要介绍了近些年，在建筑工程施工领域所采用的新技术、新工艺和新材料等，旨在为新技术的推广应用起到促进作用。

*    *    *

　　责任编辑：周世明
　　责任设计：赵明霞
　　责任校对：刘　钰　陈晶晶

# 《建筑工程新技术丛书》
## 编写委员会

**组织编写单位：**

北京市城建科技促进会

北京双圆工程咨询监理有限公司

**主　编：** 林　寿　杨嗣信

**副主编：** 余志成　侯君伟　高玉亭　吴　琏

**编　委**（按姓氏笔划）　王广鼎　　王庆生　王建民

毛凤林　安　民　孙竞立　杨嗣信　余志成

肖景贵　吴　琏　张玉明　林　寿　周与诚

侯君伟　赵玉章　高玉亭　陶利兵　程　峰

路克宽　薛　发

**本册编写人员：** 侯君伟　赵玉章　蔡亚宁　安同富

段先军　常　峰　肖景贵

# 前　言

　　建设部于 1994 年首次颁发了《关于建筑业 1994、1995 年和"九五"期间重点推广应用 10 项新技术的通知》，对促进我国建筑技术的发展起到了积极的作用。随后，于 1998 年根据我国建筑技术的发展新情况，又颁发了《关于建筑业进一步推广应用 10 项新技术的通知》，进一步推动了我国建筑新技术的发展。为此，我们于 2003 年在系统总结经验的基础上，组织编写了《建筑业重点推广新技术应用手册》，供广大读者阅读参考。

　　随着我国建筑技术水平的不断提高，建设部于 2004 年对 10 项新技术进一步进行了修订，并于 2005 年又颁发了《关于进一步做好建筑业 10 项新技术推广应用的通知》，将 10 项新技术的范围扩大到铁路、交通、水利等土木工程。为此，我们根据 21 世纪以来新颁布的标准和建筑技术发展的新成果，以房屋建筑为主，突出施工新技术以及有关建筑节能技术，组织摘选编写了本系列丛书。

　　本书共分 6 册，第一册地基基础工程和基坑支护工程；第二册新型模板、高效钢筋、钢筋连接及高性能混凝土应用技术；第三册预应力技术；第四册设备安装工程应用技术；第五册围护结构节能技术及新型空调和采暖技术；第六册钢结构工程。

　　本丛书仅摘选了有关房屋建筑施工中一些新技术内容，在编写中难免存在挂一漏万和错误之处，恳请批评指正。

编　者

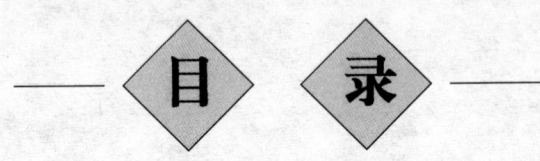

# 目 录

1. 新型模板技术 ·················································· 1

  1.1 早拆模板成套技术 ········································ 1

    1.1.1 早拆模板技术的概念与发展 ···················· 1

    1.1.2 早拆模板技术的分类 ····························· 4

    1.1.3 早拆模板施工用的主要材料 ···················· 4

    1.1.4 早拆模板二次顶撑工艺 ························· 11

    1.1.5 早拆模板施工质量标准与要求 ················ 11

  1.2 液压自动爬模技术 ····································· 12

    1.2.1 爬升模板及其发展 ····························· 12

    1.2.2 爬升模板的形式及液压爬模的特点 ············ 13

    1.2.3 液压爬模的类型、构造及主要部件 ············ 18

    1.2.4 液压自动爬模施工技术 ························· 24

    1.2.5 液压自动爬模质量标准及要求 ················ 34

    1.2.6 液压自动爬模工程实例 ························· 38

    【例1】液压爬模在剪力墙结构工程中的应用 ········ 38

    【例2】液压爬模在中筒结构工程上的应用 ·········· 38

    【例3】液压爬模在塔台工程上的应用 ·············· 40

    【例4】液压爬模在北京财富中心二期公寓楼

         工程中的应用 ······························· 40

2. 高效钢筋应用技术 ··········································· 46

  2.1 HRB 400 级钢筋应用技术 ···························· 46

    2.1.1 热轧带肋钢筋分类及性能 ······················ 46

    2.1.2 HRB 400 钢筋特点 ···························· 50

    2.1.3 HRB 400 钢筋的应用 ·············· 52

  2.2 钢筋焊接网应用技术·············· 53

    2.2.1 钢筋焊接网的特点 ·········· 54

    2.2.2 钢筋焊接网混凝土结构应用·········· 54

**3. 钢筋连接技术** ·············· 73

  3.1 镦粗直螺纹钢筋连接技术·············· 73

  3.2 直接滚轧（压）直螺纹钢筋连接技术 92

  3.3 挤压肋滚轧（压）直螺纹钢筋连接技术 106

  3.4 剥肋滚轧（压）直螺纹钢筋连接技术 111

**4. 高性能混凝土应用技术** 122

  4.1 推广高性能混凝土的目的是为了提高混凝土
    的耐久性 ·············· 122

    4.1.1 混凝土裂缝是导致混凝土结构破坏的根本原因 ··· 122

    4.1.2 混凝土裂缝产生的原因 ·········· 122

    4.1.3 提高混凝土耐久性的根本途径 125

  4.2 自密实混凝土施工技术 ·········· 128

    4.2.1 简介 ·············· 128

    4.2.2 SCC 的机理 ·········· 129

    4.2.3 配制 SCC 的技术路线·········· 129

    4.2.4 SCC 性能要求及评定试验 ·········· 130

    4.2.5 SCC 的施工技术 ·········· 139

    4.2.6 SCC 施工过程控制 ·········· 145

    4.2.7 生产及施工管理要求 ·········· 148

    4.2.8 用于预制构件生产的考虑 ·········· 148

    4.2.9 SCC 工程举例 ·········· 148

    4.2.10 常见问题、原因分析及处理措施 ·········· 153

  4.3 混凝土耐久性技术 ·········· 154

    4.3.1 混凝土结构耐久性设计总体要求 ·········· 155

    4.3.2 影响混凝土耐久性的因素 ·········· 158

    4.3.3 工程应用实例 ·········· 168

## 4.4 清水混凝土施工技术 ·················· 182

   4.4.1 模板的选用 ·················· 182

   4.4.2 模板设计 ·················· 184

   4.4.3 脱模剂选用 ·················· 186

   4.4.4 混凝土配合比设计和应用 ·········· 188

   4.4.5 混凝土运输与浇筑 ·············· 189

   4.4.6 混凝土表面缺陷修补措施 ·········· 195

   4.4.7 混凝土养护 ·················· 197

   4.4.8 成品保护 ·················· 197

   4.4.9 质量要求 ·················· 198

## 4.5 超高泵送混凝土施工技术 ············ 199

   4.5.1 定义 ·················· 199

   4.5.2 配制要求 ·················· 199

   4.5.3 原材料选用 ·················· 200

   4.5.4 可泵性评价 ·················· 201

   4.5.5 泵送机械的选择 ·············· 202

   4.5.6 地泵及泵管的布置 ·············· 203

   4.5.7 泵送能力验算 ················ 204

   4.5.8 混凝土运输 ·················· 206

   4.5.9 混凝土泵送 ·················· 207

   4.5.10 输送堵管的原因及排除方法 ········ 208

   4.5.11 季节施工 ·················· 209

   4.5.12 其他注意事项 ················ 210

   4.5.13 工程实例 ·················· 210

## 参考资料 ·················· 212

# 1. 新型模板技术

## 1.1 早拆模板成套技术

### 1.1.1 早拆模板技术的概念与发展

1. 模板支架（技术）的类型与特点

在现浇混凝土楼盖施工中，用于水平结构的模板，通过由水平支承与垂直支撑组成的模板支撑架系统，将其自重和其上的静荷载与施工荷载等传递到地板上或已浇筑成型的混凝土楼板上，称这种模板支撑架系统为模板支撑架，简称为模板支架。

模板支架，因其材料、构造、架设方法与拆除方法的不同而有多种类型。在多层与高层结构施工中，依据所用的模板能否跟层（随层）周转使用，即同一施工层（施工段）的模板能否在模板支架尚未拆除时就可以进行周转使用，以此将模板支架分为两大类型：一是传统的模板支架技术，即连续多个施工层都要架设模板和满堂支撑架；二是新型模板支架技术。新型模板支架技术又有悬空支模技术、台（飞）模技术和早拆模板技术等。

在新型模板支架技术中，功能较多、使用良好、技术经济效果较佳的是早拆模板技术。

它的概念是：根据现行《混凝土结构工程施工质量验收规范》有关拆模强度的规定，即当跨度≥2m时，拆模的混凝土强度为 $75\% f_{28}$；当跨度≤2m时，拆模混凝土强度可为 $50\% f_{28}$。这样，如果将楼盖模板的支柱加密，增加支点，使支点间距≤2m；另外，为了采取支柱与模板、支承梁分别拆除的办法，在支柱顶部加设柱头。这样，当楼盖混凝土强度达到50%时，将模板、支承梁先拆除，保留全部支柱，以达到加快模板周转的目的。这种"先拆模板，后拆支柱"的做法，称为早拆模板技术。这样，先期拆卸下来的模板就可以及时投入周转使用，从而

1

减少了大量模板的投入。见图 1-1-1。

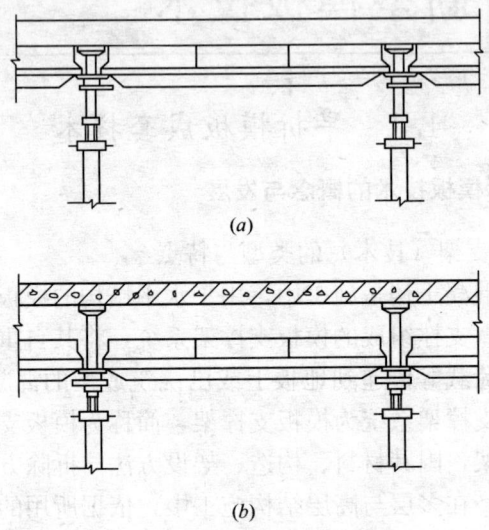

图 1-1-1　模板早拆原理

(*a*) 支承状态；(*b*) 早拆做法

## 2. 早拆模板技术的发展

早拆模板技术是从上世纪 70 年代由英国首先研发成功并开始在国际上开发应用，80 年代在欧洲有较大发展。

我国从上世纪 80 年代初期开始，在北京图书馆 10 万 m² 密肋楼盖施工中，研发了密肋楼盖模板的早期拆除技术：采用型钢梁（长方形钢管）作模板支承梁，在其两侧安装角钢用于支承密肋楼盖的模板（塑料模壳、玻璃钢模壳）；实施早期拆模时，先将角钢拆除，再拆除模壳，而垂直支撑（扣件式钢管支架、独立式钢管支柱）和顶部的型钢梁暂时不拆除。80 年代末期和 90 年代初，相继研发成功多种形式的早拆柱头，从而促进了早拆模板技术的发展。

## 3. 推广应用早拆模板技术的意义

早期拆除模板的技术，与传统的支模技术相比，具有显著的优点。主要表现在以下几个方面：

（1）减少模板和支撑材料的一次投入量

在传统的支模技术中，常温条件下，通常至少要配置3层支撑和3层模板，即采取3支3模的配置方法周转使用，确保水平结构混凝土达到拆模强度方可拆模。如果大气温度较低或者需要加快施工周期时，就要采取4支4模的配置方法，或是采取配置更多层数的模板与支撑，才能满足模板施工周转。所以，传统的支拆模方法，必须投入大量的模板和支撑。

而在早拆支模技术中，由于早期拆除模板时所要求的混凝土强度比传统要求相对减少了2.5%，一般当气温较高时2～3d就可达到拆模要求，气温较低时4～5d也可实施拆模。因此，一般配置1层模板就可满足施工周期的需要。同时，水平支承系统也不需要配置得那么多，一般配置1层或2层即可；此外，垂直支撑系统的配置也不宜采取多层满配的方法，一般配置3层就可以了，所以，推广应用早拆模板成套技术，能够减少大量的模板和支撑材料。

（2）加快模板和支撑的周转速度，提高了重复使用的次数

如上所述，在传统的支模技术中，为了加快施工周期，通常要配置4层模板和4层支撑材料，即采取4支4模的配置方法。而采用早拆模板技术施工，配置1层楼板、2层水平支撑梁和3层垂直支撑，即采取1模2平3支的配置方法，按照4～5d一个施工周期计算，模板可周转使用20次，在同样的建设周期内，模板周转次数提高了4倍，租赁费用可降低70%以上。

（3）规范和简化了传统的施工工艺，提高文明施工水平

与传统的支模技术相比，对早拆模板技术所用的模板、水平支承梁和垂直支撑系统，在规格尺寸和布置设计等方面都有比较严格的规定与要求。因此，在早拆支模施工中，必须严格按照早拆模板技术的施工工艺与要求有序地进行。改变了传统的"散支散拆"工艺存在的乱支、乱拆、乱堆放等不文明行为。从而降低了劳动强度，提高了施工效率。

（4）早拆模具能够实现标准化、专业化、工具化和商品化施工

由于早拆模板技术的施工工艺比较规范，使所用的模具在设计上容易做到标准化，产品容易实现体系化，使用上容易做到工具化，供应上容易做到商品化，施工时容易实现专业化。

## 1.1.2 早拆模板技术的分类

在早拆模板技术中，水平结构的混凝土强度尚未达到设计强度时先期将模板实施拆除，而垂直支撑待混凝土强度达到设计强度时再实施拆除。若要安全地实施这项新技术，就要对这项技术进行整体设计，其中重要的是对垂直支撑顶部的顶托（柱头）和支承模板的水平支承梁进行新设计。

在实施模板先期拆除的施工工艺中，依据支承模板的水平支承梁是否与模板同时实施早期拆除，将早拆模板技术分为带状早拆模板技术和点状早拆模板技术两大类。

1. 带状早拆模板技术

带状早拆模板技术，是指在实施模板早期拆除时，只将模板拆除，而支承模板的水平支承梁和垂直支撑不拆除。在模板拆除后，水平支承梁依然通过垂直支撑支顶着混凝土楼板，待拆除垂直支撑时，再同时拆除。

2. 点状早拆模板技术

点状早拆模板技术，是指在实施模板早期拆除时，除了将水平支承梁两侧的模板先期（早期）拆除之外，水平支承梁也随即同时拆除。这样，没有拆除的垂直支撑及其顶部的早拆柱头就像一个个支点那样依然支顶着混凝土楼板。这种点状的早拆模板技术，垂直支撑顶端的顶托—早拆柱头，与 U 形可调顶托不一样，是模板早拆技术中的专用部件。

## 1.1.3 早拆模板施工用的主要材料

采用早拆模板技术使用的材料主要有：早拆柱头、垂直支

撑、水平支承梁和模板。

1. 早拆柱头

（1）类型

在早拆模板技术中，垂直支撑顶端的顶托称其为早拆柱头，一般有三种类型：定位型、定位可调型和丝杠调节型。三种类型早拆接头的共同特点是：都要与相应的模板水平支承梁配套使用，才能实施模板的早期拆除。

①定位型早拆柱头，其主要特点：一是垂直支撑顶端距早拆柱头顶板的距离是固定不变与不可调节的，二是放置模板水平支承梁的位置是固定不变与不可调节的。所以，这样类型的早拆柱头，通常只能与其相对应的一种型号或一种系列尺寸的模板相适应。

②定位可调型早拆柱头，与定位型早拆柱头所不同的是：其垂直支撑顶端距早拆柱头顶板之间的距离，不是固定不变的，而是可以调节的。但是，由于它的模板定位原理与定位型早拆柱头一样，所以在使用中一种型号的早拆柱头只适用于一种系列尺寸的模板。

③丝杠调节型早拆柱头，其特点是：除了垂直支撑顶端距早拆柱头顶板之间的距离可以调节之外，放置模板水平支承梁的位置也是可以调节的，所以它适用于多种系列尺寸的模板。

以上三种早拆柱头的构造见图 1-1-2、图 1-1-3 和图 1-1-4。

（2）早拆柱头的构造组成

早拆柱头的顶板、一般为矩形钢板，其尺寸多为 150mm×50mm、150mm×100mm、150mm×150mm；也有用方钢管制作的，如德国配力早拆柱头的顶部为－150～200mm 长的方形钢管。

早拆柱头的托梁座板，用于放置支承模板的水平支承梁，根据其不同的形状，又称托梁挂钩或托梁钩座。

早拆柱头的锁紧板，用于锁紧托梁座板的支承位置，根据其不同的形状，又称卡板、锁紧螺母或上螺母等。

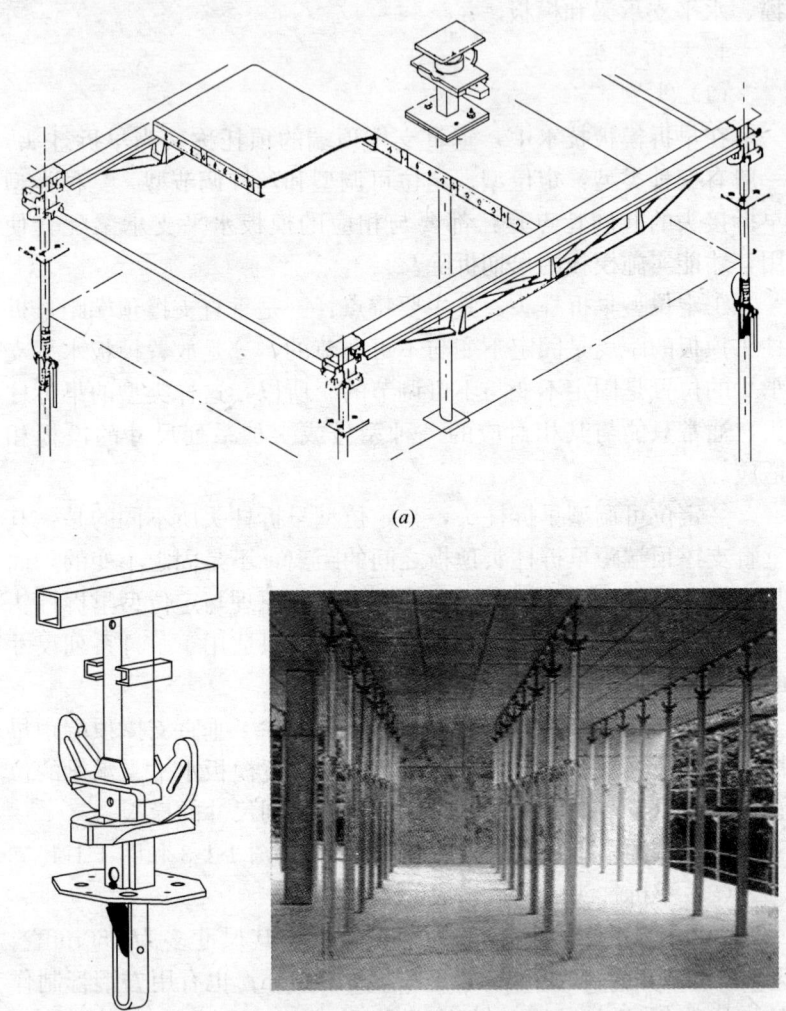

(a)

(b)

图 1-1-2　早拆柱头构造形式（一）

（a）英国 GKN 早拆柱头及模板体系；（b）德国配力早拆柱头及模板体系

　　早拆柱头的支承板，用于将早拆柱头承受的荷载传递到垂直支撑的顶端，根据其不同的形状，又称支承螺母或下螺母等。

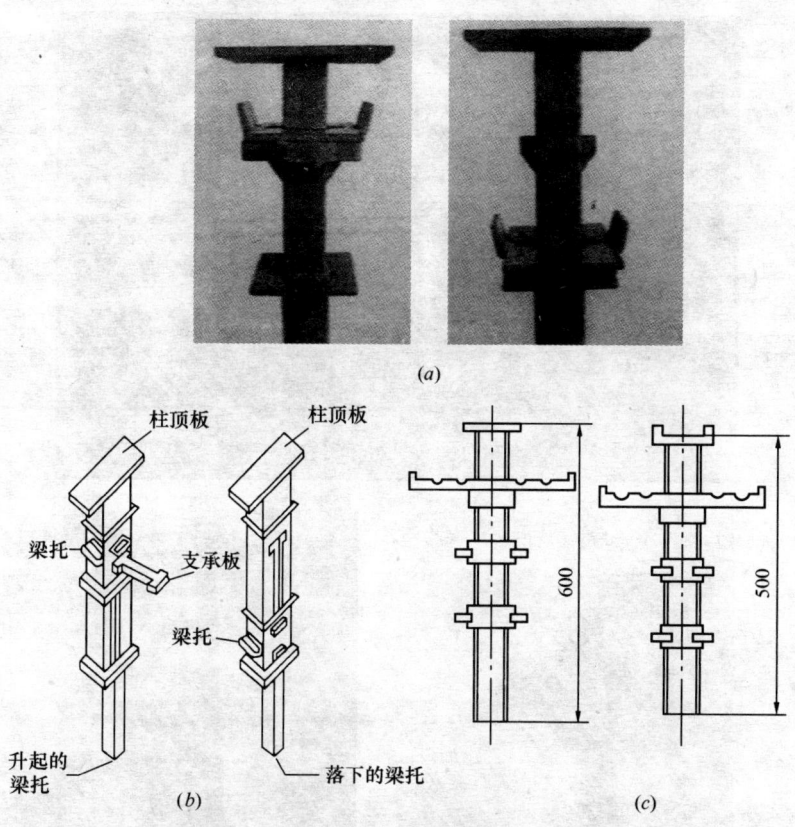

图 1-1-3 早拆柱头构造形式（二）
（a）牛腿式（定位式）；（b）销板式（定位式）；（c）丝杠式（可调式）

早拆柱头的托杆，用于承受早拆柱头可承受的荷载，根据其不同的形状，又称螺杆等。

2. 早拆模板施工用的垂直支撑

早拆模板的垂直支撑系统与普通模板技术的支撑系统基本一样。

3. 早拆模板施工用的水平支承梁

在早拆技术中，用于支承模板的水平支承梁，也称为横梁，

(a)                           (b)

图 1-1-4　早拆柱头构造形式（三）

（<i>a</i>）安装工况；（<i>b</i>）拆除工况

通常使用的主要有工点式支承梁和架木架高支承梁。在工程施工中，可依据工程结构的实际情况和所采用的早拆柱头进行灵活选用。

（1）模板水平支承梁的截面形式

工具式模板支承梁的截面形式较多，见图 1-1-5 图 1-1-6。

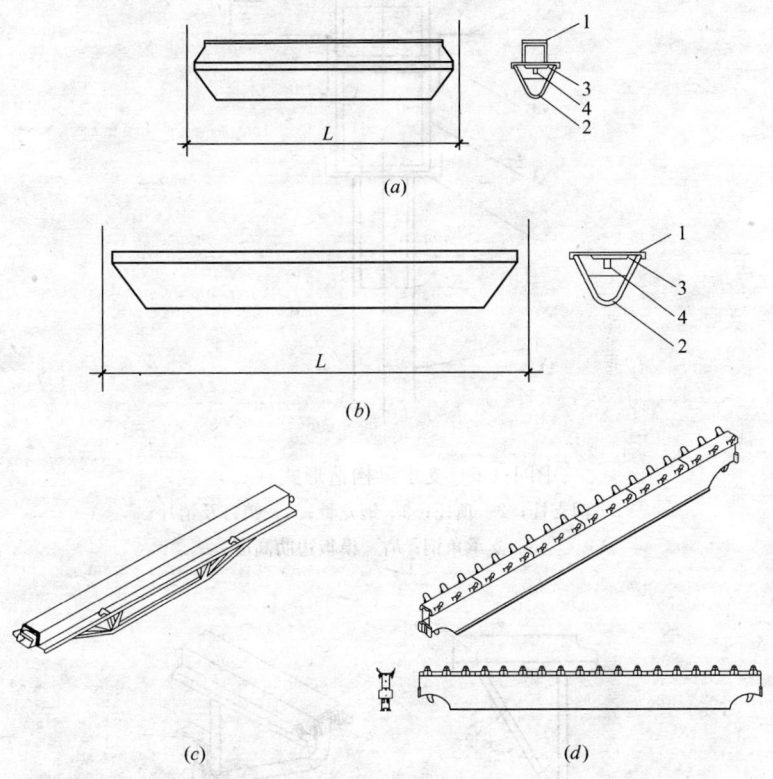

图 1-1-5 支承梁构造形式（一）

1—上梁体；2—下梁体；3—加强筋；4—梁头支承

（2）工具式模板支承梁

工具式支梁，一般由梁体和端头支承等部分组成，图 1-1-7 是北京市建筑工程研究院研究开发的 GZL 箱形支承梁，由于梁体是箱形结构，具有刚度大、承载力高和自重较轻的特点。梁体由 1.2～2.0mm 厚冷轧钢板冷弯成型后组焊而成。

与 GZL 箱形支承梁配套用的悬臂支承梁，常用的长度为 300mm、450mm 两种。

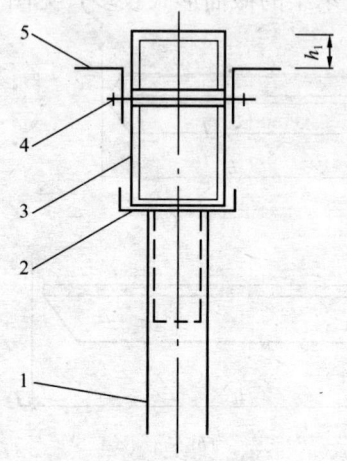

图 1-1-6　支承梁构造形式（二）

1—钢支柱；2—顶托；3—钢龙骨；4—销钉及销片；

5—支承角钢；$h_1$—模板边肋高度

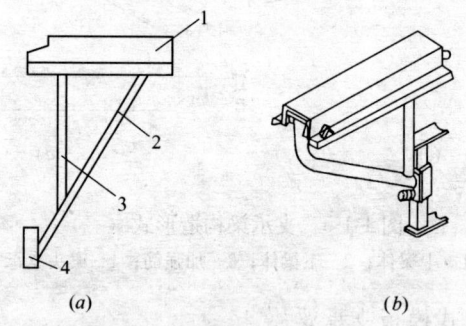

图 1-1-7　悬臂支承梁

（a）悬臂支承梁；（b）悬臂托梁

1—梁体；2—斜杆；3—直杆；4—底杆

## 4. 对早板模板施工用的模板的要求

选用的模板要符合以下基本要求：

①模板块要符合规整，拼缝小，面板要平整光洁，施工质量

能达到清水混凝土质量要求；

②模板的刚度大，周转使用的次数多，一般应能重复使用80～100次以上；

③模板自重要轻，为便于安装与拆卸，自重不应大于27kg/m²，单块自重不宜大于30kg。

### 1.1.4 早拆模板二次顶撑工艺

在多层工程连续施工中，比如在住宅工程施工时，由于单层的建筑面积较小，施工周期较快，要连续搭设多层垂直支撑，这样最下面的支撑所承受上面传下来的荷载较大，存有安全隐患。为减少连续多层架设垂直支撑时最下面1～2层垂直支撑所承受的荷载，通常是在支撑的原位暂时将支撑顶部与楼板脱开，使钢筋及早发挥作用并承受楼板自重，然后再将支撑顶部与楼板顶紧。这种做法称为二次顶撑工艺，它不同于以往将支撑全部拆除后再搭设支撑的二次支撑方法。

早拆模板施工的二次顶撑工艺，一般是在一个大循环作业最后完成的那一层实施二次顶撑作业。实施时，利用早拆托座的多种功能，在垂直支撑原封不动的情况下安全操作，其工艺流程是：

调节（松动）早拆托座的螺母，使顶板离开楼板10～20mm→停留一段时间（10～20min）→调节（拧紧）早拆托座的螺母使顶板顶紧楼板→待楼板混凝土强度达到规范要求后再拆除支撑。

二次顶撑操作，一般应分为小区段顺次进行，区段要适中不宜太大。操作时，要使用力矩扳手，确保螺母的拧紧程度一致。上下层立柱应对齐，并在同一个轴线上。

### 1.1.5 早拆模板施工质量标准与要求

1. 早拆模板质量标准

除遵照《混凝土结构工程施工质量验收规范》（GB 50204—

2002）等有关规程外，尚应做到：

①支撑系统和模板的架设、安装及拆除，要按照本工法中的工艺流程、操作要点与注意事项，结合具体情况组织实施。

②垂直支撑的垂直偏差≤层高的1/300。

③多层架设时，上下层的支点位置应重合，中心偏差≤50mm。

④早拆托座顶板的高差和托座板的高差直接关系到模板安装的质量，要认真操作和检查，使误差≤2mm。

⑤在小跨度范围内实施早期拆模，应当在与楼板混凝土同条件养护的试块强度≥50％设计强度时方可进行。

⑥垂直支撑（立杆）的拆除应根据规范规定的拆模强度进行。

2. 早拆模板质量要求

①如果在早拆柱头顶板或模板支承梁上面安装胶合板条与板带时，一定要安装平实，在浇灌混凝土之前应进行逐一检查验收，使混凝土在浇灌后均匀受力，防止板条部位在浇灌混凝土后产生下陷等情况。

②进行早期拆除模板时，要按早拆模板施工方案中规定的拆模顺序有序进行，严禁先拆除后顶撑的做法。

③支上层立柱时，要与下层立柱对中对正。

④上层顶板施工中吊装材料要轻放，避免集中超载，防止过大冲击造成楼板出现裂缝。

# 1.2 液压自动爬模技术

## 1.2.1 爬升模板及其发展

爬升模板利用附着支承在建筑结构上的承载装置，包括爬升架体与爬升机构以及其他爬升设施而随建筑结构逐层升高施工的一种模板工艺，是钢筋混凝土竖向结构施工继大模板、滑升模板之后的一种新工艺，简称为爬模。

爬升模板既有大模板施工的优点，如：模板板块尺寸大、面积大，成型的混凝土表面光滑平整，达到清水混凝土质量要求等；又有滑升模板的特点，如：自带模板、操作平台和脚手架随结构的增高而升高，抗风能力强，施工安全、速度快等；同时，又比大模板和滑升模板有所发展和进步。比如：混凝土质量更易于保障，施工精度更高，施工速度快和施工安全等。

而以液压为动力的液压自动爬模，技术更先进，施工更安全，经济更合理，优点更多，适用范围更广阔，主要用于高层建筑剪力墙结构、框架结构核心筒、大型柱、桥墩、桥塔、高耸构筑物等现浇钢筋混凝土结构工程的施工。

目前，国外的爬模施工大都是采用液压油缸为动力的液压自动爬模技术，是20世纪90年代初期推出的。我国于20世纪末由北京市建筑工程研究院成功研制了用液压油缸为动力的液压爬模，在北京、辽宁、广东、湖南、浙江、河南等许多省市推广应用。本世纪初，北京、江苏、上海等地区一些单位成功开发了不同形式的液压爬模，既促使了液压爬模技术的发展，又促使了在更多省市推广应用这项新技术。

## 1.2.2 爬升模板的形式及液压爬模的特点

### 1. 爬升模板的形式及原理

爬升模板用的动力设备，主要有手动倒链和电动倒链、电动涡轮蜗杆、穿心式液压千斤顶和液压油缸等。

模板爬升的方式主要有模板与模板互爬、模板与架体互爬、利用附着式升降脚手架进行爬模、模板与爬架联体爬升等四种。

（1）模板与模板互爬

模板与模板互爬是指模板与模板相互为依托进行互相爬升的爬模工艺，又称无架爬模，见图1-2-1。它使用的模板，其宽度一般分为宽板与窄板两种，相互间隔交替布置，并且这两种模板的高度也不相同，宽板的高度与标准层高相适应，而窄板的高度是宽板高度尺寸的2倍以上。此外，每块模板的两侧边均安装着调节缝板，其作用一是调整相互之间的拼缝，二是形成轨道槽以便进行相互之间的爬升。

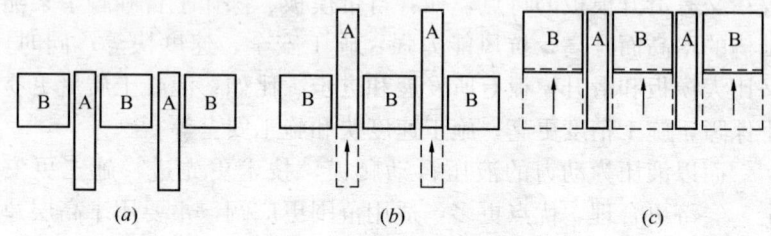

图 1-2-1　无架爬模施工爬升程序

（a）模板就位，浇筑混凝土；（b）A 型模板爬升；

（c）B 型模板爬升就位，浇筑混凝土，回复（a）

无架爬模的动力设备为：手动倒链、电动倒链、穿心式液压千斤顶等。

爬模时，待混凝土达到要求强度后，拆除窄板（A 型）的穿墙螺栓，并松动 A 型模板，然后依靠宽板（B 型）上的爬升设施将 A 型模板爬升 1 个层高并进行相应的紧固。之后，拆除 B 型模板上的穿墙螺栓，依靠 A 型模板上的爬升设施将其爬升 1 个层高，并进行相应的固定。这样，一一重复前述工序，直至 1 个施工层爬模工艺结束，检查无误后就可转入绑扎钢筋和浇灌混凝土等工艺的施工。

（2）模板与架体互爬

模板与架体互爬是指模板与架体相互为依托完成模板爬升和架体爬升的爬模工艺，又称有架爬模，见图 1-2-2。这种爬模技术也是较早应用的一种爬模工艺。

（3）利用爬架爬模

附着式升降脚手架是我国自主创新的一项施工技术，简称爬架，广泛应用于高层建筑施工，见图 1-2-3。

近十多年，附着式升降脚手架又向爬模施工发展，这种爬模是在爬架完成自爬升之后，再利用安装在爬架顶部的爬升设备（倒链）将模板爬升 1 个层高。它和模板与架体互爬技术不同的

14

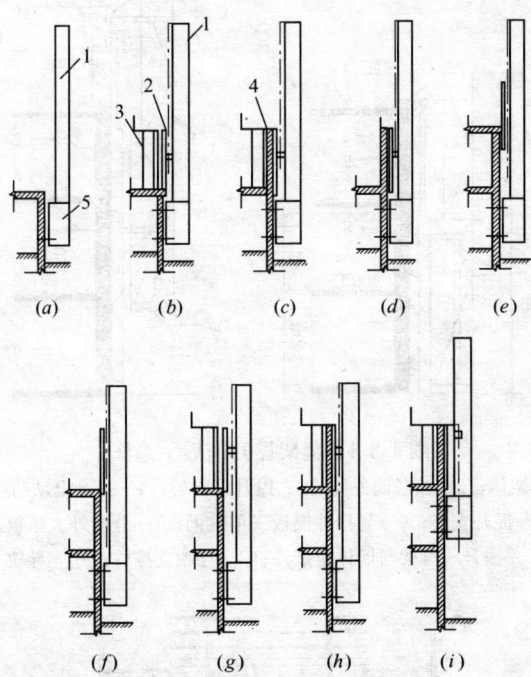

图 1-2-2 爬升模板施工工程序图

(a) 头层墙完成后安装爬升支架；(b) 安装外模板悬挂于爬架上，绑扎钢筋，悬挂内模；(c) 浇筑第 2 层墙体混凝土；(d) 拆除内模板；(e) 第 3 层楼板施工；(f) 爬升外模板并校正，固定于上一层；(g) 绑扎第 3 层墙体钢筋，安装内模板；(h) 浇筑第 3 层墙体混凝土；(i) 爬升底座，将底座固定于第 2 层墙体

1—爬升支架；2—外模板；3—内模板；4—墙体混凝土；5—底座

是：架体的爬升不再依托模板而是靠架体自身的升降机构来完成的。目前，一些单位在积极推广应用，效果较好。

(4) 模板与爬模架联体爬升

模板与爬模架联体爬升，是指模板在爬升时是与架体有机地联结在一起进行整体爬升，模板的爬升不再是单一的 1 个程序，而是与架体的爬升工序合二为一，即模板坐落在架体上随架体的升高而升高，见图 1-2-4。

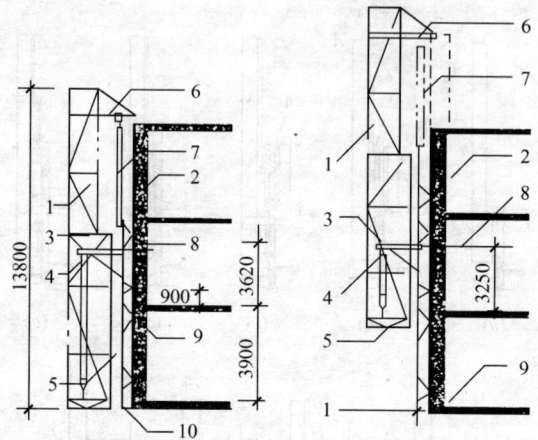

图 1-2-3　爬架提升前后示意图

1—架体；2—核芯筒外墙；3—提升三脚架；4—提升电动葫芦；

5—提升支座；6—悬挂外模板三角挑梁；7—外墙外大模板；

8—提升三脚架与墙体拉接件；9—导轨支撑件；10—导轨

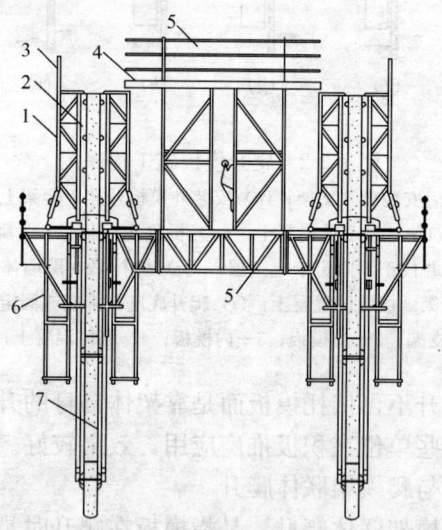

图 1-2-4　JFYM-100A 型液压爬升平台

1—模板支撑架体；2—栏杆；3—模板；4—操作平台；

5—桁架；6—架体；7—筒壁

模板与爬模架联体爬升所用的动力有电动蜗轮蜗杆、液压油缸以及液压千斤顶等,目前使用较多的是液压油缸。

2. 液压自动爬模技术的特点

液压自动爬模技术的特点很多,主要如下:

(1) 多功能组合式附着承载装置

附着在建筑结构上的附着承载装置,由固定套座、导轨靴座及挂座与穿墙螺栓或预埋套件以及螺母、垫板等组合而成,具有附着、导向、防倾等多种功能。装拆容易,使用牢靠。

通常,一个爬升机位在一个施工层内设置 1 个附着承载装置,它也是爬模施工中唯一的 1 个需要周转使用的部件。

(2) 由导轨、爬升箱与液压油缸组装成的升降机构,强度高,刚度大,升降平稳,安全可靠;另外,这种升降机构除具有升降作用外,还具有防止架体坠落的功能。因此,这类爬模技术中可以不再专门设置防坠装置。

(3) 爬升用的导轨是用截面尺寸较大的 H 型钢或型钢组合体制作而成,在它外翼板上组焊有供爬升箱升降用的踏步块或者是在它的腹板上制作有供爬升箱爬升用的踏步嵌入孔。

(4) 由截面尺寸较大的型钢、钢管以及配套件组装而成的竖向架主体,高度尺寸可以灵活设计组装,刚度大,承载力高,装拆容易,使用坚固可靠。

(5) 由钢管桁架或脚手架钢管等组装而成的横向架体,强度高、刚度大,装拆容易,可以设置多层作业平台,能满足不同的施工需要。

(6) 模板支承装置,具有垂直调节与高度调节等功能,能够满足各种类型和各种规格的大模板、组合模板的安装使用。

(7) 模板作业用的平台宽≥2.0m,模板移动小车可以向外移动 500~700mm 的距离,移动轻便灵活,既便于模板的装拆与清理,又便于安全施工。

(8) 液压同步控制系统,根据爬模施工工艺与使用要求,有多种控制系统。国外用的较多的是大泵站集中控制系统。国内既有小泵站集中控制系统,又有由一般电器部件组装成的手动控制

17

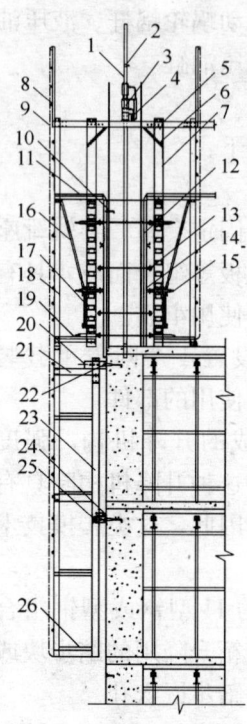

图 1-2-5　液压千斤顶爬模示意图

1—支承杆；2—限位卡；3—升降千斤顶；4—主油管；5—横梁；6—斜撑；7—提升架立柱；8—栏杆；9—安全网；10—定位预埋件；11—上操作平台；12—大模板；13—对拉螺栓；14—模板背楞；15—活动支腿；16—外架斜撑；17—围圈；18—外架立柱；19—下操作平台；20—挂钩可调支座；21—外架梁；22—挂钩连接座；23—导向杆；24—防坠挂钩；25—导向滑轮；26—吊平台

系统，也有由行程传感器与可编程控制器等部件组成的自动控制系统。

（9）爬模施工期间，模板一直坐落在架体上并随架体一起爬升，从而不再依赖于塔吊进行装拆，使塔吊的使用更趋合理，使施工周期缩短和加快施工速度。

（10）爬模施工，操作简便易行，节省材料和人工，劳动强度降低，施工效率提高，而且施工的混凝土表面平整光洁，施工质量能够达到清水混凝土质量要求。

（11）爬模的配置灵活，抗风能力强，爬升速度快，施工安全，利于文明施工，具有显著的技术经济效益和安全环保效益。

## 1.2.3　液压爬模的类型、构造及主要部件

### 1. 液压自动爬模的类型

以液压为动力的爬升模板，按照提供液力的不同形式分为两种类型，一种是用液压油缸提供液力进行爬模施工；另一种是用液压千斤顶提供液力进行爬模施工。前者是通过附着承载装置附着在建筑结构内部和侧面，以液压油缸为动力和以导轨为轨道进行爬升施工，如图 1-2-5 所示；后者是通过承载支承杆支承在建筑结构顶面，以液压千斤顶为动力和以支承杆为轨道进行爬升施工，如图 1-2-6 所示。鉴于前者

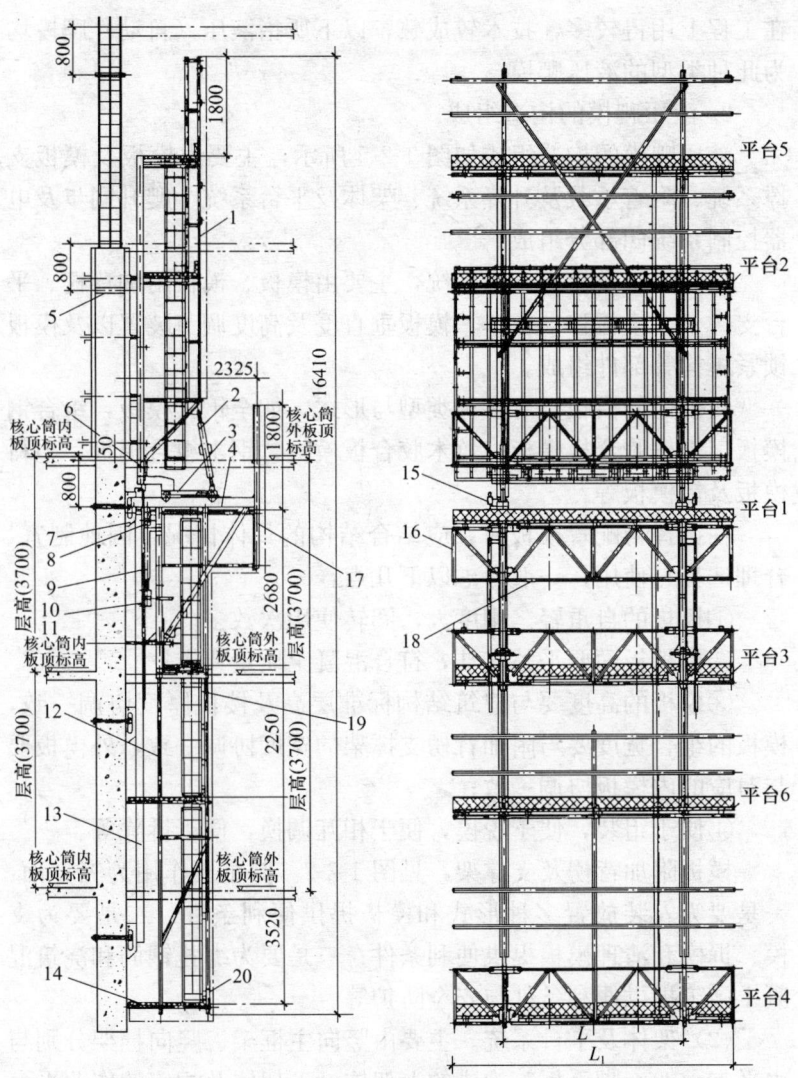

图 1-2-6　爬模架体

1—模板竖支撑；2—支腿；3—滑座；4—架体；5—预埋套管；
6—模板高度调节装置；7—附墙装置；8—上爬升箱；9—油缸；
10—下爬升箱；11—架体支腿；12—下架体；13—导轨；
14—防护板；15—防坠装置；16—悬挑架；17—防护栏；
18—水平梁架；19—竖梯；20—护网

在工程上用得较多，技术较成熟，以下所指液压（自动）爬模均为此种类型的液压爬模。

2. 液压爬模的构造组成

液压爬模的构造组成如图 1-2-5 所示，主要由模板及模板支撑系统、附着承载及升降系统、架体及平台系统、爬升同步及电器控制系统四部分组成。

（1）模板及模板支撑系统，主要由模板、模板附加背楞、平台支撑架、模板移动台车、模板垂直度及高度调节装置以及模板锁紧机构等部件组成。

爬模用的模板，有多种类型与形式，如全钢大模板，组合钢模板，钢框胶合板模板，竹木胶合板模板，钢木组合模板，塑料模板及铝模板等。

在选择与配置模板时，应结合结构的具体情况，因地制宜，合理选择与使用，一般考虑以下几点：

①模板的自重轻、刚度大，圈转使用次数多；

②模板板面要平整光洁，符合混凝土质量要求；

③模板的高度要与建筑结构标准层高及楼板厚度协调一致，模板的组合宽度要与附加背楞支撑架的宽度协调一致，外模板要与对应的内模板协调一致；

④便于组装，便于脱模，便于相互调换，便于拆除等。

模板附加背楞及支撑架，见图 1-2-7。其主要作用为三方面：一是要为安装放置多种形式和模板提供便利条件；二是要为支模、拆模和清理模板提供便利条件；三是要为绑扎钢筋和浇筑混凝土施工提供便利条件与安全防护等。

（2）架体及平台系统。主要由竖向主框架、竖向挂架分别与水平支承架、脚手板等构成的上架体、上架体及相应的作业平台组成。

上架体又称主架体，其高度一般为 1～1.5 个标准楼层高度，作业平台（主平台）约 2.5m 宽。模板及模板支撑架就安装在主平台上。

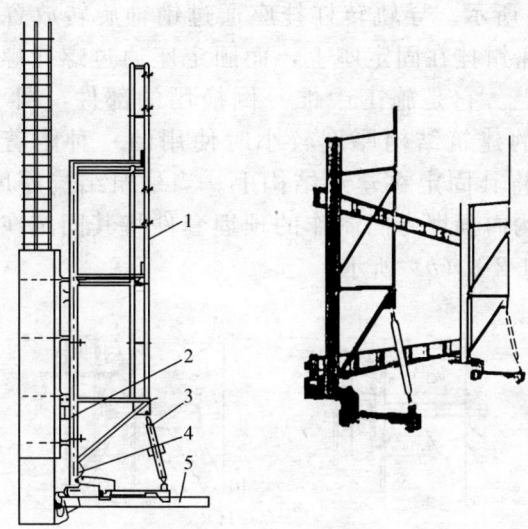

图 1-2-7　液压爬模附加背楞及模板支撑架示意图
1—竖向支撑架；2—附加横背楞；3—垂直调节丝杠；
4—高低调节丝杠；5—架体主梁

　　下架体，通过销柱悬挂在竖向主框架的下边，其功能主要是为安装、拆卸液压系统提供便利条件，为拆除底层附着承载装置提供便利条件和安全防护等。

　　（3）附着承载及升降系统。主要由附着支承在建筑结构内部及悬挂并附着在建筑结构侧面的附着承载装置和导轨、爬升箱、液压油缸等部件组成。

　　（4）爬升同步及电器控制系统。主要由液压泵站、液压油管、电器线路及电源箱、电器箱和控制柜等部件组成。

　　3. 液压自动爬模的主要部件

　　（1）附着承载装置。附着承载装置既是爬模装备附着在建筑结构上的承力装置，又是爬模爬升过程中的导向装置和防止倾覆的装置。主要由导轨转杠挂座、导轨附着靴座与靴座固定套座（固定座）以及螺栓、内外螺母、垫板等组成，

21

如图 1-2-8 所示。导轨转杠挂座通过销轴旋转放置在靴座的顶部，靴座钳挂在固定座上，而固定座通过螺栓螺母固定在建筑结构上。它是施工中惟一倒换用的部件，图 1-2-8（a）是当附着的建筑结构厚度较小时使用的一种附着装置，用 M48 螺杆将其固定在建筑结构上。当建筑结构厚度较大时，在建筑结构内预埋专门制作的预埋套件将其固定在建筑结构上，如图 1-2-8（b）所示。

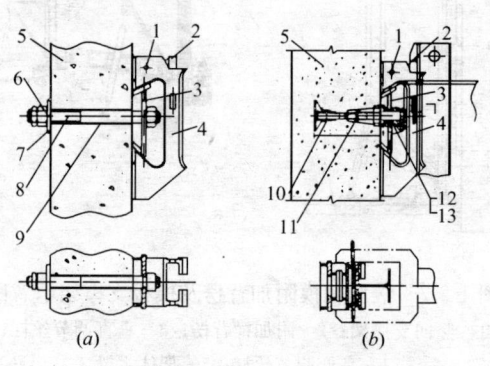

图 1-2-8  附着承载装置

（a）穿墙套管式；（b）预埋套件式

1—销轴；2—导轨挂座；3—固定座；4—附着靴座；
5—墙体；6—螺母；7—垫板；8—穿墙螺杆；
9—穿墙管；10—反拔盘；11—锥套；12—套；13—螺栓

（2）导轨。一般用 H 型钢制作，其截面形式有多种，如图 1-2-9 所示。导轨的长度一般为 1.5～2 个楼层高度，顶端设有钩座或钩孔，以钩挂在附着承载装置上、下端宜设支垫座，在导轨的外表面或腹板上设有等距离的踏步块（梯格块）或踏步孔（梯格孔）以供爬升箱爬升用。

（3）爬升箱。分为上爬升箱和下爬升箱。主要由箱体、凸轮摆块（承力块）、导向轮以及定位销、连接销轴等部件组成，如图 1-2-10 所示。

（4）竖向主框架。呈三角形结构或三角形和矩形组合结构，是爬模架体的主承力框架，采用优质矩形钢管或型钢组焊而成。

22

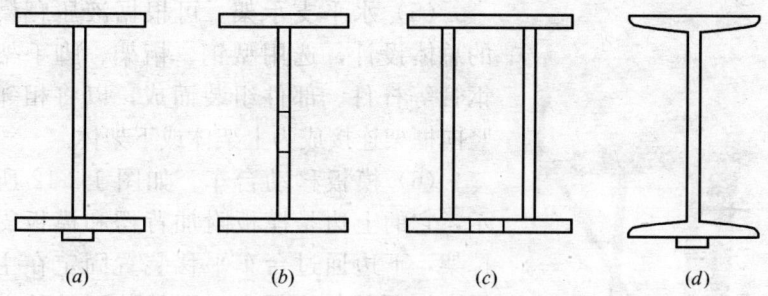

图 1-2-9　导轨的截面示意

(*a*) H 型钢翼缘焊接梯挡；(*b*) H 型钢腹板开孔梯挡；
(*c*) 组合截面翼缘开孔梯挡；(*d*) 工字钢翼缘焊接梯挡

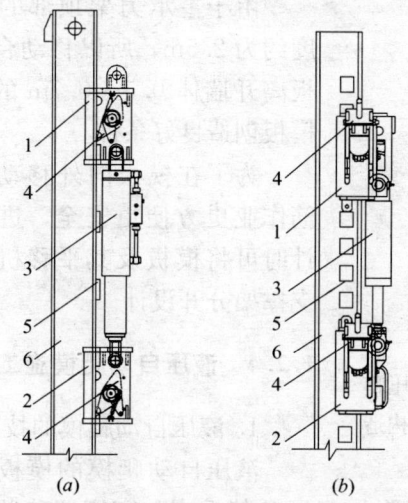

图 1-2-10　防坠爬升器与导轨的组装形式

(*a*) 形式一；(*b*) 形式二

1—上防坠爬升器；2—下防坠爬升器；3—油缸；
4—承重棘爪（凸轮摆块）；5—导轨梯挡；6—导轨

内侧上端设有与上爬升箱连接用的轴套座；内侧下端设有附墙调
节支腿和导向开口式夹板，用于导轨和架体的爬升。主框架的两
侧设有与水平梁架连接用的板座，见图 1-2-11。

23

图 1-2-11 液压爬模竖向主框架构造

（5）水平支承架。可根据液压爬模的总体设计，选用型钢、桁架、脚手架钢管等杆件、部件组装而成，以将相邻竖向框架连接成为上架体或下架体。

（6）模板移动台车。如图 1-2-12 所示，它的上边是模板附加背楞和模板支撑架，下边通过台车平移装置固定在主承力架顶部的主梁上。平移装置的移动机构可以是齿轮齿条、滚轮滚轴以及液压油缸等设施。

由于主承力架顶部的主梁及平台宽度约为 2.5m，所以移动台车可以带着模板离开墙体 0.5～0.7m 的距离，为清理模板创造良好条件。

为了在模板向外移动时，使绑扎钢筋作业更方便更安全，进行爬模整体设计时可将模板及其平移机构在构造上与支撑架分开设计。

### 1.2.4　液压自动爬模施工技术

1. 液压自动爬模的技术原理

液压自动爬模的模板安放固定在附加背楞上，模板附加背楞及其垂直与高度调节装置等支撑架系统，坐落在由竖向主框架与相应的水平梁架等组成的主架体上，跟随架体一起逐层升高施工，其技术原理是指：导轨架体升降原理、附着承载及防倾覆原理、同步升降原理以及防止坠落原理等。

（1）导轨、架体升降原理

导轨、架体的相互升降是由附着固定在导轨和架体上的上下爬升箱之间的升降机构完成的。爬升时，导轨、架体两者相互依

24

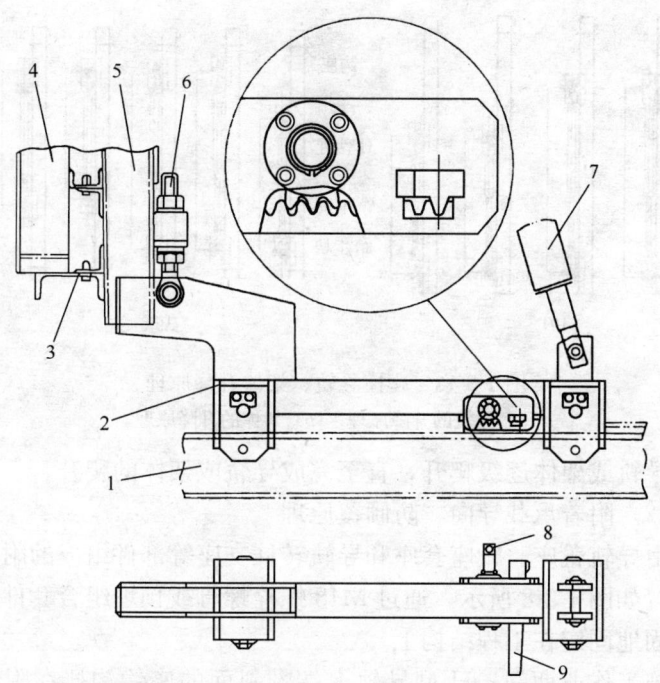

图 1-2-12 模板移动台车构造示意图

1—承力架主梁；2—模板移动台车；3—模板附加背楞；4—大模板；
5—模板支承架；6—高度调节装置；7—垂直调节装置；
8—齿轮轴；9—锁紧板

托，先爬升导轨，待导轨到位后再爬升架体。见图 1-2-13。

爬升导轨时，架体仍然停留在静止不动的施工状态，爬升过程中，导轨以架体为依托逐级爬升，直至爬升到位。

爬升架体时，导轨已升至上一层的附着装置部位，并处于静止状态，此时，架体与附着装置固定用的锁紧板已经卸掉，调节支腿已不再顶靠建筑结构，架体以导轨为依托逐级爬升，直至爬升到位并固定好。

导轨或架体升降时，启动泵站，通过液压油缸的伸缩，上下爬升箱内的承力块就会沿着 H 型钢导轨上的导向板和踏步块而变换方向，从而实现其自动导向、自动复位和自动锁定的功能，

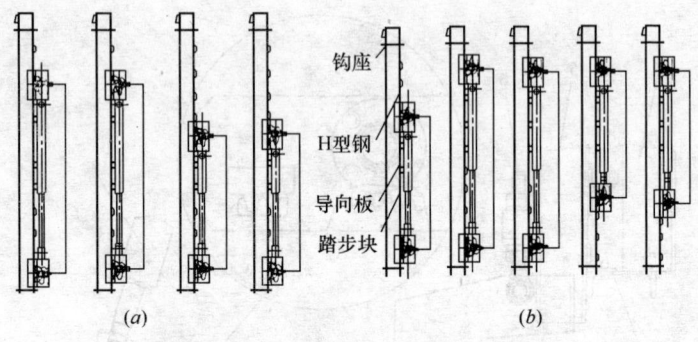

图 1-2-13　爬模导轨、架体升降原理

(a) 导轨的升降原理；(b) 架体的升降原理

带动导轨或架体逐级爬升，直至完成导轨或架体的爬升。

（2）附着承载导向、防倾覆原理

由导轨靴座、靴座套座和导轨转杠支座等部件组成的附着承载装置如图 1-2-8 所示，通过 M48 螺栓螺母或预埋组合套件等方法牢固地固定在工程结构上。

施工作业期间，H 型导轨上端带斜面的座钩钩挂在附着承载装置的导轨挂座上面，架体主承力架上部的 U 型挂座通过楔型锁紧板与附着装置联系在一起，架体主承力架下部的支腿顶靠在工程结构上。与此同时，架体通过爬升箱内两侧的燕尾槽以及调节支腿的双向开口式夹板附着并支承在 H 型导轨上。

爬模架爬升时，先爬升导轨，当导轨爬升至上一个附着装置时，导轨上端的钩座就钩挂在附着装置的挂座上，当爬升架体时，先将锁紧架体的楔型锁紧板卸掉，使架体主承力架上部的 U 形挂座与附着装置脱开，此时直至架体爬升到位，架体全套设备包括随其爬升的模板等全部荷载是通过爬升箱的承力块和液压油缸附着支承在导轨的踏步块上，并通过主承力架下部调节支腿的双向开口式夹板而附着在导轨上。由于附着装置中附着靴座是根据导轨截面尺寸设计的，两者之间的间隙较小，爬升箱的燕尾槽与导轨之间的间隙也较小，同时又由于导轨及主承力架的刚度较大，所以架体在作业工况和爬升工况都具有安全可靠地附着、导向和防倾覆的功能。

（3）液压油缸升降控制与同步升降原理

液压爬升的同步升降是由液压油缸的同步伸缩完成的。根据工程应用实践，设计有两种控制方式：一种是采用手动控制，一种是自动控制。

爬升用的液压油缸为便携式，设有液压锁，压力是按设计预先调定的，在一个大约 500mm 的行程内，升降误差较小，一般小于 5～10mm，当误差较大时可用电控手柄按键进行控制。在同步自动控制系统中（图 1-2-14），由于油缸内设有位移传感器，油缸的顶升距离由传感器自动测出，测量信号经自动处理后再递送到可编程控制器进行位移差处理，当某台油缸出现大于设定的升降差值时，就会暂时自动停止运行，一旦位移差值小于设定的升降差值时，将自动重新启动。所以，在整个顶升过程中，由于采用了可编程控制器闭环自动同步控制技术，既能使各油缸在荷载不均的情况下自动调节同步顶升，又能在升降过程中遇到障碍时会使油缸顶升力达到设定的最大值而暂时停机报警，确保安全。

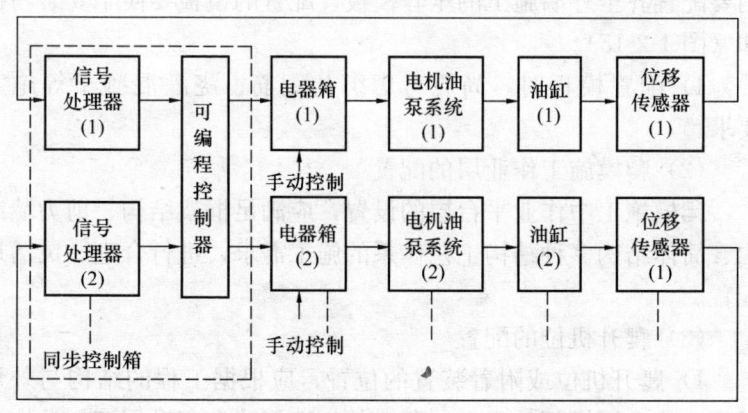

图 1-2-14　液压爬模同步自动控制系统框架图

（4）防坠落原理：在液压爬升设计中，由于采用的爬升箱具有特殊的构造，在升降过程中爬升箱内的承力块能够自动转向、自动复位与自动锁定，并且在升降的全过程中，始终有一个爬升箱的承力块交替地支承在导轨的踏步块上，所以在升降过程中能够防止坠落而达到安全施工的目的。

鉴于液压自动爬模的爬升箱，既具有升降功能又具有防坠功能，即升降功能与防坠功能二者有机地融为一体，所以也称爬升箱为爬升器或升降防坠爬升器，简称其为防坠爬升器，即上防坠爬升器和下防坠爬升器。

2. 液压自动爬模的配置

（1）模板的配置

1）应优先选用自重较轻、刚度较大、强度较高和板块尺寸较大的大模板。

2）当外墙外侧模板需要随架体一起爬升时，应优先考虑整层配置，并按照施工区段的要求分别组装在爬模用的附加背楞上。如果按分段流水作业配置应考虑施工周期和吊装等因素，同时应考虑模板应便于在附加背楞上进行组装与拼接。

3）当外墙的内侧模板和外侧模板均随架体一起爬升施工时，则要配置齐全外墙施工的全套模板，配置的模板要便于安装与拆卸（图1-2-15）。

4）配置模板时，尚应考虑绑扎钢筋、浇灌混凝土等施工要求。

（2）爬模施工作业层的配置

爬模施工中作业平台层的设置，应满足框架结构、剪力墙结构、筒体结构多种结构工艺体系的施工需求，进行合理、灵活地配置。

（3）爬升机位的配置

1）爬升机位或附着装置的位置，应根据工程的结构与外形尺寸、施工用模板的重量、爬模的构造形式和爬升用液压油缸的顶升力等因素，进行综合分析确定。

2）附着爬升机位的结构混凝土强度，要进行复核验算，并在合格的基础上进行选择和确定。配置时，要选择有利于附着位置，既要避开门窗洞口部位，又要避开暗柱、暗梁以及型钢等需要避让的部位，如果难以避让时应采取相应的补强措施。

3）爬升机位附着位置之间的距离，主要应依据所用爬升设备液压油缸的顶升力与所要顶升的模板重量、爬模装备与架管的自重等，经计算确定。并应考虑爬升中不同步产生的抗力等因素，进行综合分析与比较后再行确定。当液压油缸的顶升力为50kN时，对于自重≤1.0kN/m² 的轻型模板，架体最大跨度宜＜8.0m；对于自重≤1.5kN/m² 的重型模板，架体最大跨度宜＜6.0m。

4）当工程采用分段流水施工时，爬升机位附着位置的设置，尤其是架体悬挑长度的确定，应满足分段流水对支模、拆模等的使用要求。

5）爬升机位附着位置的设置，既要利于架体的安全围护，又要利于平稳爬升，满足爬模施工对质量和安全的要求。

3. 液压自动爬模施工工艺

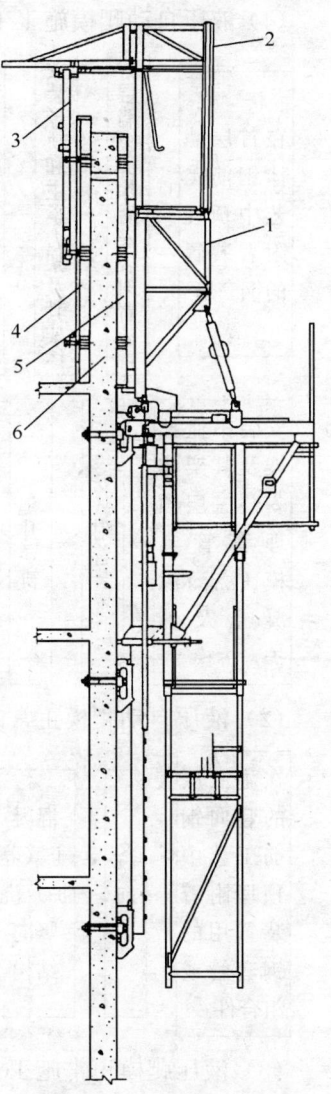

图 1-2-15 外墙内外模板
同时爬升构造示意图
1—模板支撑；2—内模悬挑架；
3—内模吊挂装置；4—内模；
5—外模；6—墙体

（1）液压自动爬模施工工艺流程如下：

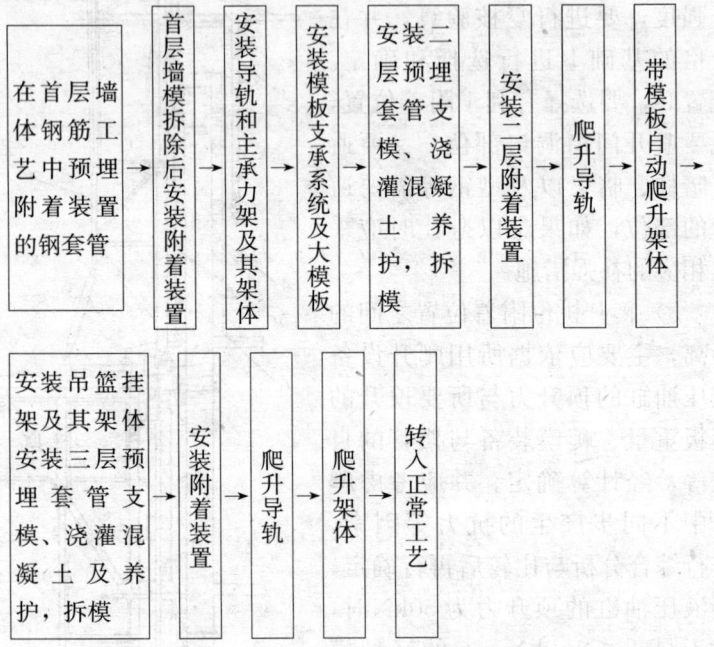

（2）液压自动爬模正常的施工工艺如下：

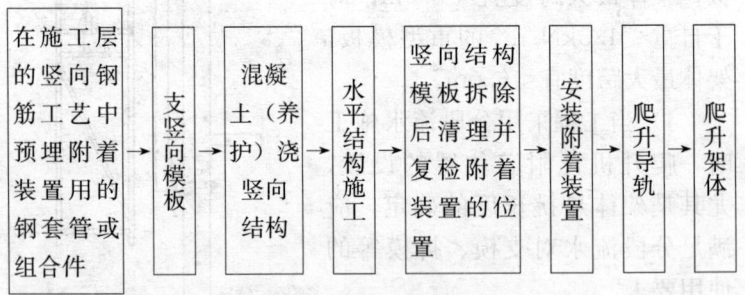

（3）液压爬模正常施工流程图，见图1-2-16。

4. 液压自动爬模施工要点与注意事项

（1）施工要点

①钢套管的埋放和附着装置的安装：按照设计方案，在设计位置埋放好穿墙螺栓用的钢套管，其长度比墙厚尺寸小2～3mm，

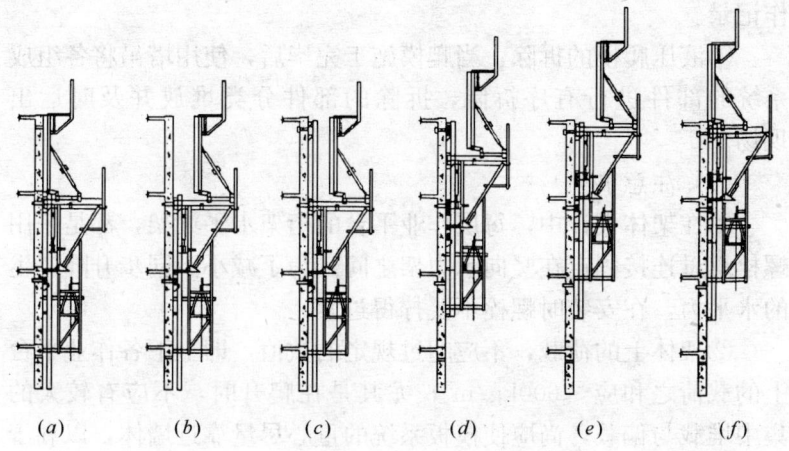

图 1-2-16　液压自动爬模爬升工艺流程图
(a) 浇筑；(b) 拆模；(c) 爬升导轨；
(d) 爬提升架体与模板；(e) 架体爬升到位；(f) 支模

套管两端要用胶带密封好；钢套管的高度位置要准确，水平位置偏差控制在±25mm以内。

当墙体厚度尺寸较大时，宜采用预埋组合件的方法固定附着装置。埋放时，可将预埋套件安装在外模板上，也可预先安装固定在钢筋网片上，并将外露的环状螺母密封好。

安装附着装置时，要将靴座套拧紧拧牢，并使导轨靴座的中心位置准确，其误差小于±5mm。

②爬模的安装与验收：按照爬模的安装工艺，先在地面组装和低空安装，随施工随安装，随安装随使用，待全部安装到位后要组织工程设计、施工、监理以及爬模设计与使用等有关方面人员参加验收，验收合格后，方可投入正常运行。

③爬模的爬升和安装操作：爬模在安装与使用前，要对有关人员进行技术交底和专门培训，爬模施工人员要持证上岗。每次爬升前和爬升后，要认真做好安全检查，及时拆除各部位的障碍物；当结构混凝土强度≥10MPa时方可下达爬升通知书；爬升时，要统一指挥，各负其责，确保平稳爬升，并逐层做好安全操

作记录。

④液压爬模的拆除：当爬模施工完毕后，使用塔吊将各组成系统的部件进行有序拆除，拆除的部件分类堆放并及时运出现场。

（2）注意事项

①在架体设计中，每层作业平台的桁架水平梁架，都是采用螺栓螺母连接固定在竖向承力架之间。为了减小不同步升降产生的水平力，在安装时螺栓不要拧得过紧。

②架体上的荷载，不应超过规定的数值，即上下各作业平台上的载荷之和应$\leqslant 600 kg/m^2$；尤其是在爬升时，不应有较大的集中堆载与偏载，尚应使模板系统的重心尽量靠近墙体，以利于平稳爬升。此外，遇有五级以上大风时，不应爬升。

③架体在爬升前和爬升到位之后，应将爬架组相互间的连接以及与工程结构之间的联系等，按要求处置好。当采取分组爬升时，爬升前应拆除相互之间和与工程结构的连接，待爬升到位后再恢复到原状。

④采用手动控制的爬升施工中，应密切注视各个油缸伸出的长度，避免出现较大的升降差，做到平稳升降。

⑤当下架体分体下降进行装饰施工时，应与上部结构施工密切配合好。当模板爬升时，下架体应停止作业，与主架体联体爬升；当分体下降进行施工时，尤其要把作业平台以及架体与墙体之间的空隙、缝隙密封好，防止混凝土等物料坠落伤人，确保安全施工。

5. 液压自动爬模施工安全技术

液压爬模施工的安全技术，主要是指：在爬模施工全过程中，要按照施工工艺与技术要求，进行安全有序地安装、安全有序地施工、安全有序地拆除，符合安全有序的科学原理。主要要做到以下几点：

（1）按照爬模施工方案的要求，预先配备齐全可用的爬模装备。配置的全部爬模装备（包括各个零部件）要符合设计要求，产品质量或加工制作的质量要达到合格品的要求。

（2）爬模装备进场前，要对质量进行检查和确认，出具产品合格证和使用说明书，不允许不符合安全使用要求的产品进入施工现场。

（3）在安装爬模装备之前，要进行技术交底，按照安装工艺与要求进行安装。安装过程中，要有专人进行逐项检查。并在安装完毕后，要组织联合检查与验收，合格后方可投入使用。

（4）爬模的每一层作业平台，脚手板要满铺，铺平铺稳，护脚板要铺设到位，符合安全使用与安全防护等要求。

（5）对于爬架组相互之间的间隙，相邻作业平台之间的空隙，架体与墙体之间的空隙，要用盖板、护板和护网等封闭。严防物料坠落伤人。

（6）爬模施工完毕，要按照爬模拆卸工艺，进行安全有序地拆除。拆卸的部件要分类堆放整齐，并及时组织安全退场。

（7）爬升之前，必须暂时拆除爬架组之间的联系，及时在作业平台两端的开口部位安装好防护栏杆，及时拆除架体与墙体之间妨碍爬升的防护设施或障碍物；经安全检查后方可下达爬升指令。

（8）爬升到位后，要及时做好各个部位的固定或安装；相邻爬升架组之间，要做好相互联系以及架体与墙体之间的安全防护。待整个施工层都爬升到位并经检查后，要及时完成爬升作业的记录。

（9）爬升时，作业平台上禁止堆放施工材料。

（10）遇有六级以上大风时，不得爬升。以避免由于推移晃动而导致伤人。

（11）支拆模所用工具，应放入专用箱内，不要乱扔乱放。

（12）爬模施工中的垃圾，应及时清理入袋，集中处理，严禁抛扔。

（13）冬、雪天施工时，应及时清扫作业平台上的积雪，防止滑倒伤人。

（14）附着装置的安装必须准确牢靠，安装与拆卸必须及时。

（15）液压油缸的拆装，要相互配合协作好，做到安全操作。

（16）施工前，要制定专项安全管理与安全检查制度；在与厂家签订租赁合同时，要签订爬模施工安全协议，强化安全管理。

## 1.2.5　液压自动爬模质量标准及要求

①采用液压爬模施工，混凝土结构质量要达表 1-2-1 的要求；为此，对模板及支撑系统的质量标准，应达到表 1-2-2 的要求。

②液压爬模安全施工要求，分别见表 1-2-3、表 1-2-4、表 1-2-5。

液压爬模施工工程混凝土结构允许偏差和检查方法　表 1-2-1

| 序号 | 项　目 | | 允许偏差（mm） | 检查方法与工具 |
|---|---|---|---|---|
| 1 | 轴线位移 | 墙、柱、梁 | 5 | 钢卷尺尺量 |
| 2 | 截面尺寸 | 抹　灰 | +5，−5 | 钢卷尺尺量 |
| | | 不抹灰 | +4，−2 | 钢卷尺尺量 |
| 3 | 垂直度 | 层高　≤5m | 6 | 经纬仪或吊线、钢卷尺 |
| | | 层高　>5m | 8 | |
| | | 全　高 | $H/1000$ 且≤30 | 经纬仪、钢卷尺 |
| 4 | 标　高 | 层　高 | ±10 | 水准仪或拉线、钢尺 |
| | | 全　高 | ±30 | |
| 5 | 表面平整 | 抹　灰 | 8 | 2m 靠尺和塞尺 |
| | | 不抹灰 | 4 | |
| 6 | 预留洞口中心线位置 | | 15 | 钢卷尺尺量 |
| 7 | 电梯井 | 井筒长、宽定位中心线 | +25，0 | 钢卷尺尺量 |
| | | 井筒全高（H）垂直度 | $H/1000$ 且≤30 | 2m 靠尺和塞尺 |

液压爬模模板及支撑架质量要求　　　　　表 1-2-2

| 项　　目 | | 质量标准（技术要求） | 检验方法 |
|---|---|---|---|
| 模板 | 外形尺寸 | −3mm | 钢尺检查 |
| | 对角线 | ±3mm | 钢尺检查 |
| | 板面平整度 | <2mm | 2m 靠尺和塞尺检查 |
| | 侧边平直度 | <2mm | 2m 靠尺和塞尺检查 |
| | 螺栓孔位置 | ±2mm | 钢尺检查 |
| | 螺栓孔直径 | +1mm | 钢尺检查 |
| | 连接孔位置 | ±1mm | 钢尺检查 |
| | 连接孔直径 | +1mm | 钢尺检查 |
| | 板块拼接缝隙 | <2mm | 塞尺检查 |
| | 板块拼接平整度 | <2mm | 2m 靠尺和塞尺检查 |
| 模板支撑架 | 垂直调节支腿 | 调节角度为 70°～90° | 角度尺检查 |
| | 高度调节装置 | 调节高度≤100mm | 钢尺检查 |
| | 模板台车移动距离 | 300～750mm | 卷尺检查 |
| | 模板锁紧力 | ≥500kg | |
| | 模板附加背楞 | 能放置多种形式的模板，便利模板拼接，不影响对拉螺栓的装拆 | 复核设计方案和查看 |
| | 模板连接组件 | 每块模板用 4～6 个≥$\phi14$ 的连接钩组合件与附加背楞连接在一起，移动模板时不松动 | 安装操作中观察 |
| | 模板竖向支撑宽度 | ≥0.8m | 卷尺检查 |
| | 模板竖向支撑高度 | ≥1～2 个层高+1.8m | 卷尺检查 |
| | 竖向支撑承载力 | ≤300kg/m² | 复核施工方案和察查 |

液压爬模附着承载装置及升降系统质量标准　　　表 1-2-3

| 项　　目 | | 质量标准（技术要求） | 检验方法 |
|---|---|---|---|
| 附着装置 | 转杠支座 | 转动灵活自如 | 操作查看 |
| | 导轨靴座 | 左右移动>50mm | 钢尺检查 |
| | 靴座套座 | 负荷肩宽≥200mm | 钢尺检查 |
| | 穿墙螺栓 | M48，两端头有螺纹 | 钢尺检查 |
| | 垫　　板 | ≥100mm×100mm×10mm | 钢尺检查 |
| | 螺　　母 | M48，内双，外单，拧紧力达 60～80N·m，外露 3 扣以上，中心位置±20mm | 扭力搬手检查和查看 |
| | 预埋套管 | | 卷尺检查 |

| 项目 | | 质量标准（技术要求） | 检验方法 |
|---|---|---|---|
| 导轨 | 截面尺寸 | ≥140mm×140mm×10mm | 钢尺检查 |
| | 长度 | 相邻2个楼层高度＋0.5m | 卷尺检查 |
| | 直线度 | $\leqslant \dfrac{5}{1000}$，并≤30mm | 直线和钢尺 |
| | 爬升状态挠度 | $\leqslant \dfrac{5}{1000}$，并≤20mm | 直线和钢尺 |
| | 踏步块中心距 | ±2mm | 钢尺检查 |
| | 导向板中心距 | ±2mm | 钢尺检查 |
| | 导轨座钩长度 | ＋5mm | 钢尺检查 |
| | 导轨座钩宽度 | ＋5mm | 钢尺检查 |
| | 焊缝高度 | ≥10mm | 目测 |
| 爬升箱 | 承力块 | 转动灵活 | 示范 |
| | 定位装置 | 转动灵活 | 示范 |
| | 限位装置 | 转动灵活 | 示范 |
| | 导向装置 | 转动灵活 | 示范 |
| | 导轨滑槽宽度 | ≥14mm，通畅 | 目测和钢尺 |

**液压爬模架体及平台系统质量标准**　　　　　　表 1-2-4

| 项目 | | 质量标准（技术要求） | 检查方法 |
|---|---|---|---|
| 竖向主承力架与主架体 | 三角形框架主梁长度 | ≥2000mm | 卷尺检查 |
| | 主梁截面尺寸 | ≥140mm×140mm×10mm | 钢尺和卡尺 |
| | 爬升状态主梁挠度 | $\leqslant \dfrac{1}{500}$，且≤5mm | 直线和钢尺 |
| | 长方形框架宽度 | 800～1000mm | 卷尺检查 |
| | 长方形框架高度 | ≥2000mm | 卷尺检查 |
| | 框架内立柱截面尺寸 | ≥80mm×80mm×4mm | 钢尺和卡尺 |
| | 内立柱中心至墙面距离 | 400～600mm | 卷尺检查 |
| | 爬升状态内立柱弯曲 | ≤3mm | 直线和钢尺 |
| | 调节支腿 | 调节灵活 | 示范 |
| | 施工状态支腿弯曲 | ≤1mm | 钢尺检查 |
| | 主架体直线跨度 | ≤8.0m | 卷尺检查 |

| 项　　目 | | 质量标准（技术要求） | 检查方法 |
|---|---|---|---|
| 竖向主承力架与主架体 | 主架体折线跨度 | ≤5.4m | 卷尺检查 |
| | 桁架式水平梁架高度 | ≥900mm | 卷尺检查 |
| | 平台板 | 满铺≥50mm 厚木脚手板或钢脚手板 | 目　测 |
| | 平台板挡板 | 200mm 高竹木胶合板或木脚手板 | 目测，尺量 |
| | 平台板护网 | 下部满挂安全网 | 目　　测 |
| 吊挂架体 | 长方形框架宽度 | 800～1000mm | 卷尺检查 |
| | 长方形框架高度 | ≥2000mm | 卷尺检查 |
| | 内立柱中心至墙面距离 | 400～600mm | 卷尺检查 |
| | 架体直线跨度 | ≤8.0m | 卷尺检查 |
| | 架体折线跨度 | ≤5.4m | 卷尺检查 |
| | 桁架式水平梁架高度 | ≥600mm | 卷尺检查 |
| | 平台板安全网 | 下部满挂安全网 | 目　　测 |

**液压爬模施工液压及电器控制系统质量标准**　　　表 1-2-5

| 项　　目 | | 质量标准（技术要求） | 检验方法 |
|---|---|---|---|
| 液压与电气控制系统 | 液压油泵电压 | 380V±10V | 电压表检测 |
| | 油泵电机功率 | 1 泵双缸 1.1kW，1 泵 1 缸 750W | 功率表检测 |
| | 油泵工作情况 | 工作正常，不漏油 | 查　看 |
| | 液压油缸伸出长度 | ≤550mm | 钢尺检查 |
| | 油缸伸出长度误差 | ≤12mm | 钢尺检查 |
| | 液压油缸工作情况 | 工作正常，不漏油 | 查　看 |
| | 液压油管 | 不破裂，不漏油 | 查　看 |
| | 电气控制工作电压 | 380V±10V | 电压表检测 |
| | 电气控制工作电流 | ≤2A | 电流表检测 |
| | 控制器电压 | 24V | 电压表检测 |
| | 控制器电流 | ≤500mA | 电流表检测 |

### 1.2.6 液压自动爬模工程实例

**【例1】** 液压爬模在剪力墙结构工程中的应用

北京林业大学新学生公寓，建筑面积 $36557m^2$，全现浇钢筋混凝土剪力墙结构，地下 2 层，地上 24 层，总高 72.3m，标准层高 2.8m，楼板厚 100mm，墙厚 200mm。

升降模架布置如图 1-2-17 所示，共配置 23 组计 48 根导轨机位的爬模架。其中由 1 根导轨组成 1 组爬架的 2 组，由 2 根导轨组成 1 组爬架的 15 组，由 3 根导轨组成 1 组爬架的 6 组（阴角部位 4 组，阳角部位 2 组）。配置 8 个液压油缸和 4 套液压泵站，即 1 泵带 2 个油缸的大泵站。为增加模板支撑架的刚度，在最大跨度为 6m，爬架的跨中又设置了 1 个不带导轨的辅助支撑。

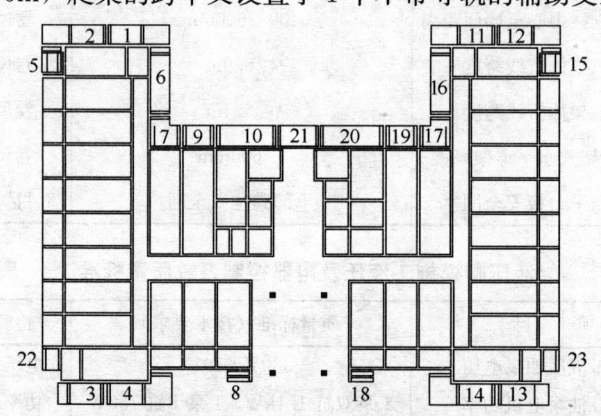

图 1-2-17 北京林业大学新学生公寓工程爬模爬架平面布置

该工程使用的大模板有两种，多为普通全钢大模板，自重 $120kg/m^2$，另一种是自行开发的 120 系列无背楞大模板，自重 $90kg/m^2$。升降模架的模板支撑系统均能满足这两种大模板的使用要求，尤其是模板小车水平移动距离较大，既满足了清理模板要求、提高了大模板的锁紧能力，又满足了对墙面平直度的要求。该工程的施工质量获得北京市结构长城杯。

**【例2】** 液压爬模在中筒结构工程上的应用

①国家大刷院歌剧院台仓，周圈长 150m、高 62.5m、厚 0.8m 的墙体采用液压爬模单面爬升施工，施工周转层高 3.0m，设置了 42 个爬升机位计 12 组爬模架，架体最大跨度为 4.8m，配套用的模板为木龙骨木胶合板拼装式大模板。

②北京城建大厦钢结构＋混凝土筒体工程的 2 个相同的型钢混凝土核心筒（17m×10m），建筑面积 12.6 万 m²，地下 4 层，地上 27 层，标准层高 3.6m，核心筒外墙厚 0.5m。施工时每个核心筒配置 27 个爬升机位计 13 组爬模架，其中 3 个电梯井为 7 个机位 3 组爬模架。配套用的模板全部为 90 系列无背楞钢模板。

③北京财富中心一期工程建筑面积 132580m²，地下 3 层，地上 42 层，165.9m 高，核心筒轴线尺寸为 24m×21m，4 个 4 联电梯井，标准层高为 3.7m，外墙厚度有 800mm、650mm、500mm、400mm 和 300mm 共 5 种，混凝土强度等级为 C50、C45、C40、C35。该工程墙体中的型钢柱、梁的截面尺寸较大，主筋直径较粗、间距较小，使爬升机位和附着装置的设置增加了难度。共设置 45 个爬升机位计 16 组爬模架，架体最大跨度为 6.0m，最多机位是 3 跨 4 机位（图 1-2-18）。爬升机位附着装置有 42 个是预埋钢套管，3 个是预埋钢套件。从 3 层起安装使用，

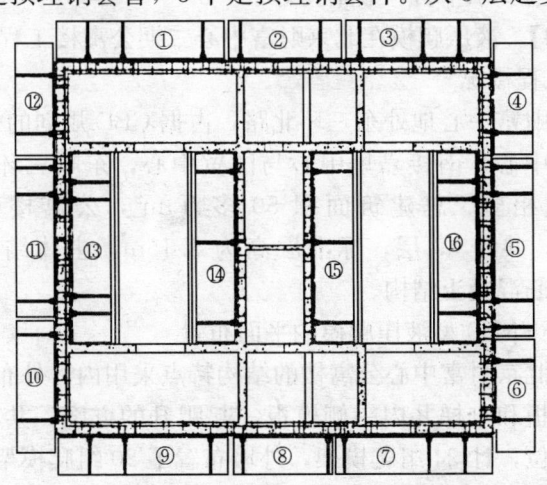

图 1-2-18 北京财富中心一期工程爬模平面布置

配套使用的全钢大模板自重为 $150kg/m^2$。爬模施工用的平台计 6 层，模板支承部位的工作平台宽 2.3m，模板靠上部位设 2 层作业平台。爬模施工速度，从初期的 7d 一层逐渐加快至 4d 一层。施工速度快，工程质量好。

【例 3】 液压爬模在塔台工程上的应用

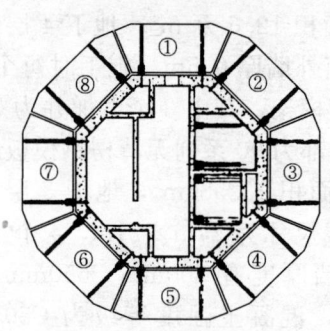

图 1-2-19 首都机场塔台工程爬模平面布置

首都机场新航站楼塔台高 98.8m，带有装饰线条的竖直塔身高 57.2m，平面为正八边形，外壁厚 500mm，标准层高 9m。爬模施工时，清水混凝土施工周转层的高度为 4.5m，配套使用的模板为 90 系列无背楞钢模板镶装不锈钢装饰衬模。图 1-2-19 为爬模平面布置示意图，每边设 1 组爬模架，爬升机位间距 3.0m，在爬模施工完成后及时拆除工作平台上的模板和附加支撑架，利用爬模的竖向承力架及工作平台作为上部倒锥体结构施工初期的支承平台，效果良好。

【例 4】 液压爬模在北京财富中心二期公寓楼工程中的应用

1. 工程概况

北京财富中心地处东三环北路，占据 CBD 规划的核心区域；北临京广中心，南接嘉里中心与国贸中心，东隔三环与 CCTV 总部新址相望。总建筑面积 50 多万 $m^2$，公寓楼建筑高度 194.95m，共计 55 层，标准层高为 3.15m，主体结构为钢结构——钢筋混凝土结构。

2. JFYM50 型液压爬模的平面布置

根据北京财富中心公寓楼的结构特点采用内、外布置，带外墙体大模板和电梯井内一侧模板一起爬升的方案，共布置了 68 个附墙机位，计 24 组爬模架，外墙布置了 20 组爬模架；电梯井布置了 4 组爬模架；其中外墙爬模架 55 个附墙机位，外墙爬架

4个附墙机位（用于核心筒4个角部的牛腿位置），电梯井爬模架9个附墙机位。见图1-2-20。

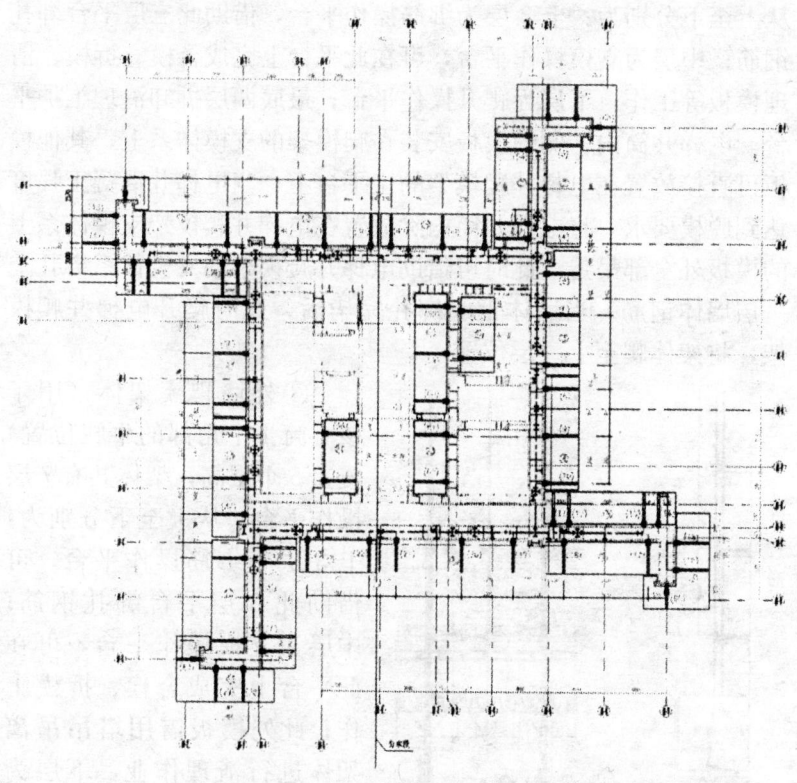

图1-2-20　爬模机位平面布置图

3. JFYM50型液压爬模架在本工程应用中的特点

①外墙爬模架覆盖5个层高，架体共有7层操作平台，从上至下分别为：上3层为绑筋操作平台，可借助此3层平台绑扎钢筋；中层为支模操作平台，可在此平台上完成合模、拆模、清理模板等工作；下层为爬升操作平台；最底两层为拆卸清理维护平台。当外墙墙体混凝土强度达到脱模要求后，先爬升外墙爬模架，将外墙爬模架爬升至上一层位置，此时将模板退出700mm，在模板与外墙体的空隙间绑扎外墙体钢筋。

②电梯井爬模架为电梯井模板提供支模平台，并可带一面模板爬升。电梯井爬模架覆盖5个层高，架体共有7层操作平台，从上至下分别为：上3层为绑筋操作平台，借助此三层平台绑扎钢筋；中层为支模操作平台，可在此平台上完成合模、拆模、清理模板等工作；下层为爬升操作平台；最底两层拆卸清理维护平台。电梯井筒内一侧的模板安装在爬模架的支模体系上，其他模板可直接放置在电梯井爬模架的主平台上；当电梯井混凝土强度达到脱模要求，将电梯井筒内除放置在电梯井爬模架支模体系上的模板外全部吊走，此时可借助电梯井爬模架的支模体系绑扎上一层墙体钢筋。当墙体钢筋绑扎完毕后，此时爬升电梯井爬模架，将架体爬至上一层位置。

③外墙爬模架体（用于核心筒4个角部的牛腿位置）覆盖5个层高，架体共有7层操作平台，从上至下分别为：上3层为绑筋操作平台，可借助此3层平台绑扎钢筋；中层为支模操作平台，可在此平台上完成合模、拆模工作；此处模板需用塔吊吊离架体进行清理作业，下层为爬升操作平台；最底两层为拆卸清理维护平台。当外墙墙体混凝土强度达到脱模要求后，先将模板吊离架体；爬升外墙爬架至上一层位置，利用上3层平台绑扎墙体钢筋。

④所有外墙大模板（除4个角部牛腿位置外）其支模、

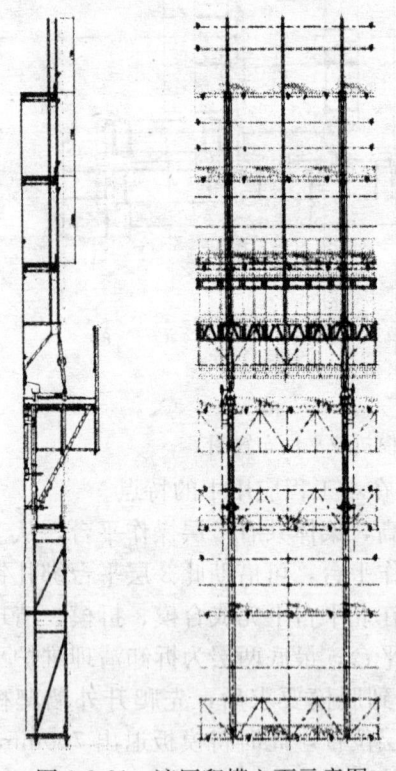

图 1-2-21　液压爬模立面示意图

合模、清理模板都可在架体的主平台上完成，架体的主操作平台宽度为 2.25m，模板可退出 700mm，再利用模板与墙面的间隙清理模板；同时爬模架的支模体系可调节模板的水平及竖向垂直度，能使模板有效、可靠地就位。

⑤架体爬升时为分段整体爬升，最多可实现 8 点同步顶升。液压爬模立面图参见图 1-2-21。

4. 液压爬模主要技术参数

JFY/JFYM50 型液压爬模主要由附墙装置、H 型导轨、主承力架、框架、架体系统、液压升降系统、防倾装置以及安全防护系统等部分组成。

①名称型号：JFY/JFYM50 型爬（模）架

②架体系统：

架体水平支承跨度：　　　≤6m

架体高度：　　　9.8～18m（随结构层高而定）

架体宽度：　　　1.4～2.25m

步距：　　　1.2～2.0m

步数：　　　4～8 步

作业层数及施工荷载：2 层同时作业时≤3kN/m²，3 层同时作业时≤2kN/m²，4 层同时作业时≤1kN/m²。

③电控液压升降系统

额定压力：　　　16MPa

油缸行程：　　　500mm

伸出速度：　　　500mm/min

额定推力：　　　50kN

双缸同步误差：　　　≤12mm

电控手柄操作：可实现单缸、双缸、多缸动作

④爬升机构

爬升机构具有自动导向、液压升降、自动复位的锁定机构，能够实现架体与导轨互爬的功能。

5. 爬模架的安装及施工工艺流程和架体爬升

现就爬模架工程在现场安装和施工工艺流程图示如下：

⇒ 　墙体预埋、附墙装置的安装

⇒ 　地面组装、整体吊装

⇒ 　铺脚手板、挂护网、安装液压装置

⇒ 　根据现场施工要求对架体进行爬升

根据本工程的结构特点，爬模架于地上 6 层开始安装。

爬模架采用分组分段整体爬升，由专人专职负责爬模架的爬升。爬模架的爬升采用单泵单缸形式。在爬模架爬升前，先用模板支撑体系将大模板退出，然后借助架体爬升导轨，导轨爬升到位后，借助导轨爬升架体。整个爬升过程中，爬模架的上、下爬升箱自动复位；爬升过程平稳，安全可靠。

6. 液压爬模应用效果分析

北京财富中心二期的液压爬模架从安装到使用至今，收到了非常好的使用效果，最快的施工记录达到了 4d 一层，这样的施工速度在类似复杂的工程中是非常罕见的，液压爬模架发挥了至关重要的作用，并且普遍认为液压爬模架在该工程中体现了如下优势：

①采用该技术，减少了高空危险作业的工作量，保证了安全生产、文明施工；

②根据工程需要，可同时提供多个操作平台，确保各施工流水作业的要求；

③内、外墙模板的定位准确可靠，提高了外墙混凝土施工质量及混凝土结构施工工艺水平；

④节省人工人数 80％，外墙全部模板和内墙大部分模板都可随架体爬升，大大减少了塔吊吊次，至少在 45％以上。另外省去搭设绑扎钢筋平台时间，减少绑架钢筋时间 50％，缩短工程工期，为施工管理带来综合效益；

⑤由于本工程是采用顶板后浇筑的施工工艺，物料平台就解决了建筑物结构内会留有很大的空间，空间支护及空间内模板放

置、物料的放置等问题；

⑥爬模架的爬升、合模、拆模与绑扎墙体钢筋不冲突，极大缩减了各施工过程的间隙，加快了施工进度；

⑦采用先进的防倾、防坠装置，提高了爬模架的安全可靠性能；

⑧液压爬升系统操作简单，最大顶升能力保证了爬架在爬升过程中的安全；

⑨与其他爬架相比，架体为分体式，架设及拆除方便，占用场地小，爬升时间短，安全性更高，现场整洁等优势。

# 2. 高效钢筋应用技术

## 2.1 HRB 400 级钢筋应用技术

高效钢筋有热轧带肋钢筋（新Ⅲ级钢筋）；冷轧带肋钢筋；钢筋焊接网；用于现代预应力混凝土的低松弛高强度钢绞线；另外还有预应力用高强碳素钢丝、冷拔低碳钢丝、热处理钢筋、精轧螺纹钢筋。除此之外，通过技术工艺处理后，适合一般建筑板类或中小型梁类构件中使用的冷轧扭钢筋和双钢筋。

《钢筋混凝土用钢第 2 部分：热轧带肋钢筋》（GB 1499.2—2007）标准是在原标准《钢筋混凝土用热轧带肋钢筋》（GB 1499—91）基础上，结合我国生产和使用具体条件而修订的，用HRB 400 钢筋代替原Ⅲ级 RL370 钢筋；取消了原Ⅳ级 RL540 钢筋，增加了 HRB 500 钢筋，并局部调整和补充了 HRB 335、HRB 400 和 HRB 500 钢筋的性能要求。其中 HRB 400 钢筋被称为热轧带肋新Ⅲ级钢筋，其屈服强度比 HRB 335 级钢筋提高了 20% 左右，而价格增加不多。因此，HRB 400 已被作为高效钢筋列为重点推广应用技术，并已成为我国钢筋混凝土结构的主导性钢种。

### 2.1.1 热轧带肋钢筋分类及性能

1. 分类

在 2007 标准中，热轧钢筋分为普通热轧钢筋（HRB）[1] 和细晶粒热轧钢筋（HRBF）[2] 和 MRBF 335、HRBF 400、HRBF

---

[1] HRB——热轧带肋钢筋的英文 Hot rolled Ribbed Bars 的缩写。

[2] HRBF——细晶粒热轧带肋钢筋，即在热轧带肋钢筋的英文缩写后加"细"的英文"Fine"的首位字母。

表 2-1-1

## 热轧钢筋直径、横截面面积和外形尺寸（mm）

| 公称直径 | 内径 $d$ | | 横肋高 $h$ | | 纵肋高 $h_1$ | 横肋宽 $b$ | 纵肋宽 $a$ | 间距 $l$ | | 横肋末端最大间隙（公称周长的10%弦长） |
|---|---|---|---|---|---|---|---|---|---|---|
| | 公称尺寸 | 允许偏差 | 公称尺寸 | 允许偏差 | 公称尺寸 | | | 公称尺寸 | 允许偏差 | |
| 6 | 5.8 | ±0.3 | 0.6 | +0.3 | 0.8 | 0.4 | 1.0 | 4.0 | ±0.5 | 1.8 |
| 8 | 7.7 | ±0.4 | 0.8 | +0.4 −0.3 | 1.1 | 0.5 | 1.5 | 5.5 | | 2.5 |
| 10 | 9.6 | | 1.0 | +0.4 | 1.3 | 0.6 | 1.5 | 7.0 | | 3.1 |

47

续表

| 公称直径 | 内径 $d$ 公称尺寸 | 内径 $d$ 允许偏差 | 横肋高 $h$ 公称尺寸 | 横肋高 $h$ 允许偏差 | 纵肋高 $h_1$ 公称尺寸 | 横肋宽 $b$ | 纵肋宽 $a$ | 间距 $l$ 公称尺寸 | 间距 $l$ 允许偏差 | 横肋末端间隙(公称周长最大的10%弦长) |
|---|---|---|---|---|---|---|---|---|---|---|
| 12 | 11.5 | | 1.2 | | 1.6 | 0.7 | 1.5 | 8.0 | | 3.7 |
| 14 | 13.4 | ±0.4 | 1.4 | ±0.4 −0.5 | 1.8 | 0.8 | 1.8 | 9.0 | | 4.3 |
| 16 | 15.4 | | 1.5 | | 1.9 | 0.9 | 1.8 | 10.0 | ±0.5 | 5.0 |
| 18 | 17.3 | | 1.6 | +0.5 | 2.0 | 1.0 | 2.0 | 10.0 | | 5.6 |
| 20 | 19.3 | ±0.5 | 1.7 | ±0.5 | 2.1 | 1.2 | 2.0 | 10.0 | | 6.2 |
| 22 | 21.3 | | 1.9 | | 2.4 | 1.3 | 2.5 | 10.5 | ±0.8 | 6.8 |
| 25 | 24.2 | | 2.1 | ±0.6 | 2.6 | 1.5 | 2.5 | 12.5 | | 7.7 |
| 28 | 27.2 | ±0.6 | 2.2 | | 2.7 | 1.7 | 3.0 | 12.5 | | 8.6 |
| 32 | 31.0 | | 2.4 | +0.8 −0.7 | 3.0 | 1.9 | 3.0 | 14.0 | ±1.0 | 9.9 |
| 36 | 35.0 | | 2.6 | +1.0 −0.8 | 3.2 | 2.1 | 3.5 | 15.0 | | 11.1 |
| 40 | 38.7 | ±0.7 | 2.9 | ±1.1 | 3.5 | 2.2 | 3.5 | 15.0 | | 12.4 |
| 50 | 48.5 | ±0.8 | 3.2 | ±1.2 | 3.8 | 2.5 | 4.0 | 16.0 | | 15.5 |

注: 1. 纵肋斜角 $\theta$ 为 $0°\sim30°$。
　　2. 尺寸 $a$、$b$ 为参考数据。

500 三大类。

热轧带肋钢筋的公称直径范围为 6～50mm，推荐钢筋公称直径为 6、8、10、12、16、20、25、32、40、50mm，见表2-1-1和表 2-1-2。

2. 技术性能

（1）热轧带肋钢筋的化学成分和碳当量应不大于表 2-1-3 规定值。根据需要，钢中还可加入 V、Nb、Ti 等元素。

热轧带肋钢筋重量　　表 2-1-2

| 公称直径（mm） | 公称横截面面积（mm²） | 理论重量（kg/m） |
|---|---|---|
| 6 | 28.27 | 0.222 |
| 8 | 50.27 | 0.395 |
| 10 | 78.54 | 0.617 |
| 12 | 113.1 | 0.888 |
| 14 | 153.9 | 1.21 |
| 16 | 201.1 | 1.58 |
| 18 | 250.0 | 2.00 |
| 20 | 314.2 | 2.47 |
| 22 | 380.1 | 2.98 |
| 25 | 490.9 | 3.85 |
| 28 | 615.8 | 4.83 |
| 32 | 804.2 | 6.31 |
| 36 | 1018 | 7.99 |
| 40 | 1257 | 9.87 |
| 50 | 1964 | 15.42 |

注：表中理论重量按密度为 7.85g/cm³ 计算。

热轧带肋钢筋化学成分组成　　表 2-1-3

| 牌　号 | 化　学　成　分（%） | | | | | |
|---|---|---|---|---|---|---|
| | C | Si | Mn | P | S | Ce |
| HRB 335 | 0.25 | 0.80 | 1.60 | 0.045 | 0.045 | 0.52 |
| HRB 400 | 0.25 | 0.80 | 1.60 | 0.045 | 0.045 | 0.54 |
| HRB 500 | 0.25 | 0.80 | 1.60 | 0.045 | 0.045 | 0.55 |

（2）热轧带肋钢筋的力学性能应符合表 2-1-4 规定。

热轧带肋钢筋力学性能　　　　　　表 2-1-4

| 牌 号 | $R_{eL}$ （MPa） | $R_m$ （MPa） | $A$ （％） | $A_{et}$ （％） |
|---|---|---|---|---|
| HRB 300 HRBF300 | 不小于 330 | 不小于 455 | 不小于 17 | |
| HRB 400 HRBF 400 | 不小于 400 | 不小于 540 | 不小于 16 | 不小于 7.5 |
| HRB 500 HRBF 500 | 不小于 500 | 不小于 630 | 不小于 15 | |

注：1. 直径 28～40mm 各牌号钢筋的断后伸长率 $A$ 可降低 1％；直径大于 40mm 各牌号钢筋的断后伸长率 $A$ 可降低 2％。

2. 有较高要求的抗震结构适用牌号为：在本表中已有牌号后加 E（例如：HRB 400E、HRBF 400E）的钢筋。该类钢筋除应满足以下（1）、（2）、（3）的要求外，其他要求与相对应的已有牌号钢筋相同。

（1）钢筋实测抗拉强度（$R^\circ_m$）与实测屈服强度（$R^\circ_{eL}$）之比 $R^\circ_m/R^\circ_{eL}$ 不小于 1.25。

（2）钢筋实测屈服强度 $R^\circ_{eL}$ 与本表规定的屈服强度特征值 $R^\circ_{eL}$ 之比 $R^\circ_{eL}/R^\circ_{eL}$ 不大于 1.30。

（3）钢筋的最大力总伸长率 $A_{gt}$ 不小于 9％。

3. 对于没有明显屈服强度的钢，屈服强度特征值（$R_{eL}$）应采用规定非比例延伸强度 $R_{p02}$。

4. 根据供需双方协议，伸长率类型可从 $A$ 或 $A_{gt}$ 中选定，如伸长率类型未经协议确定，则伸长率采用 $A$，仲裁检验时采用 $A_{gt}$。

## 2. 1. 2　HRB 400 钢筋特点

HRB 400 钢筋比传统使用的 HPB 235、HRB 335 级钢筋的技术性能有明显提高，广泛用于建筑结构工程，有利于保证质量降低工程成本。

1. 强度高、安全储备大、经济效益显著

用于取代传统的 HRB 335 级钢筋其抗拉抗压强度设计值由 310MPa 提高到 360MPa，在混凝土结构中可节约 14％钢材。用于取代传统 HPB 235 级钢筋，则抗拉抗压设计强度值可由 210MPa 提高到 360MPa，在结构中节约 32％左右的钢材。同时弹性模量均大于 $2×10^5$ MPa，按国标计算满足使用要求。

2. 机械性能好

HRB 400 钢筋显著改善了 HRB 335 级钢筋的力学性能，强度提高的同时塑性降低很小或者基本不降低，一般产品的延伸率 $\delta_5 = 20\% \sim 35\%$，与 HRB 335 级钢筋平均延伸率差值为 $0 \sim 5\%$。此外，HRB 400 钢冷弯性能优于 HRB 335 级钢筋，克服了弯折钢筋部位出现的微小裂纹，易于消除结构质量隐患。

3. 焊接性能好

400MPaHRB 400 钢筋的碳当量低，有良好的焊接性能，可以采用闪光对焊、气压焊、电渣压力焊和手工电弧焊进行焊接。

4. 抗震性能良好

由于 HRB 400 钢筋的强屈比 $\sigma_b/\sigma_s > 1.25$（$R_m = 540MPa/R_{eL} = 400MPa$），钢筋在最大力下的总伸长率 $A_{et}$ 不小于 $2.5\%$，可使钢筋在最大力作用下有较大的弯形而不断裂，在遭遇地震灾害时，能发挥良好的抗震作用，有利于提高建筑结构的抗震性能和安全性。

5. 使用范围广、规格齐全

该产品适用于柱、梁、墙、板等结构构件。产品直径为 6～50mm，推荐直径为 6、8、12、16、20、25、32、40、50mm，克服了 HRB 335 级钢缺少 $\phi < 12mm$ 小直径盘圆线材及 HPB 235 级钢缺少 $\phi > 25mm$ 粗直径直条筋的难题，便于施工下料与配筋绑扎，使钢筋布置更趋合理，易于混凝土的浇捣。

### 2.1.3 HRB 400 钢筋的应用

1. 设计

HRB 400 级钢筋混凝土结构计算按照国家标准《混凝土结构设计规范》（GB 50010—2002）规定进行设计。

2. 施工与加工要求

（1）材料要求

用于结构工程的 HRB 400 钢筋通常按定尺长度交货，若以盘卷交货时，每盘应是一条钢筋，长度允许偏差不得大于 +50mm。

1）直条筋的弯曲度不影响正常使用，总弯曲率不大于钢筋总长度的 0.4%。

2）钢筋端部应剪切正直，局部变形应不影响使用。

3）钢筋在最大应力下的总伸长度 $A_{gt} \nless 2.5\%$。

4）工艺性能，弯曲性能：按表 2-1-5 弯心直径弯曲 180°后，受弯曲部位表面不得产生裂纹，反向弯曲试验的弯心直径比弯曲试验相应增加一个钢筋直径，先正向弯曲 90°后反向弯曲 20°。经反向弯曲试验后，钢筋受弯曲部位表面不得产生裂纹（该项试验尚应根据需方要求）。

热轧带肋钢筋弯曲性能试验 表 2-1-5

| 牌　　号 | 公称直径 $\alpha$（mm） | 弯心直径 |
|---|---|---|
| HRB 335<br>HRBF 335 | 6～25 | 3d |
| | 28～40 | 4d |
| | >40～50 | 5d |
| HRB 400<br>HRBF 400 | 6～25 | 4d |
| | 28～40 | 5d |
| | >40～50 | 6d |
| HRB 500<br>HRBF 500 | 6～25 | 6d |
| | 28～40 | 7d |
| | >40～50 | 8d |

5）表面质量：钢筋表面不得有裂纹、结疤和折叠，表面允许有凸块但不得超过横肋的高度，钢筋表面上其他缺陷的深度和高度不得大于所在部位尺寸的允许偏差。

6）检验项目：如表 2-1-1 所示，试验方法详见标准《钢筋混凝土用钢第二部分：热轧带肋钢筋》（GB 1499.2—2007）。

（2）下料、焊接、绑扎、锚固

1）由于 HRB 400 钢筋强度较高，切断下料应采用机械切断；下料可不考虑用于锚固的 180°弯钩尺寸，但应考虑保护层的厚度尺寸。

2）钢筋可采用各种电焊焊接，而且可采用 HRB 335 级 20MnSi 钢筋常用的焊接工艺参数施焊。

其钢筋绑扎采用双丝绑扎。

3）钢筋的锚固长度应比 HRB 335 级钢筋增加 $5d$，搭接长度和延伸长度也应相应增加，以保证钢筋锚固的安全可靠。增加锚固长度有困难时，可用机械锚固措施解决，如在钢筋端部弯钩、贴焊锚筋、焊锚板、镦头等，锚固长度可按直筋锚固长度乘以折减系数 $\alpha$，$\alpha$ 取值见表 2-1-6。使用时，在机械锚固措施的锚固长度范围内，混凝土保护层厚度应不小于钢筋直径；箍筋直径不小于锚筋直径的 1/4，箍筋间距不大于锚筋直径的 5 倍。当采用弯钩或贴焊筋时，锚头方向宜偏向构件截面内部；如锚固区处于支座范围内时，最好将锚头平置，而且受压区钢筋的锚固，不宜采用弯钩和贴焊筋的锚固形式。

**锚固长度折减系数** 表 2-1-6

| 机械锚固形式 | 直 径 | 弯 钩 | 贴焊锚筋 | 镦 头 | 焊锚板 |
|---|---|---|---|---|---|
| $\alpha$ | 1.00 | 0.65 | 0.65 | 0.75 | 0.75 |

## 2.2　钢筋焊接网应用技术

钢筋焊接网是以冷轧带肋钢筋或冷拔光面钢筋为母材，在工厂的专用焊接设备上生产和加工而成的网片或网卷，用于钢筋混凝土结构，以取代传统的人工绑扎。钢筋焊接网被认为是一种新型、高效、优质的混凝土结构用建筑钢材，是建筑钢筋三大分类（光圆钢筋、带肋钢筋和焊接网）之一。

在国外，钢筋焊接网除用于制作钢筋混凝土预制构件外，更多的是用于现浇混凝土结构，大量用在工业与民用房屋的楼板、屋盖、墙体、混凝土路面，桥面铺装、飞机跑道、隧洞衬砌、混凝土管、桩等。近年来，焊接网在国内也逐渐扩大应用范围，并且日益受到重视。

### 2.2.1 钢筋焊接网的特点

①钢筋工程的现场工作量大部分转到专业化工厂进行，有利于提高建筑工业化水平。

②用于大面积混凝土工程，焊接网比手工绑扎网质量提高很多，不仅钢筋间距正确，而且网片刚度大，混凝土保护层厚度均匀，易于控制。明显提高钢筋工程质量。

③焊接网的受力筋和分布筋可采用较小直径，有利于防止混凝土表面裂缝。国外经验，路面配置焊接网可减少龟裂 75％左右。

④大量降低钢筋安装工，比绑扎网少用人工 50％～70％左右。大大提高施工速度。

总之，钢筋焊接网这种新型配筋形式，具有提高工程质量、节省钢材、简化施工、缩短工期等特点，特别适用于大面积混凝土工程，有利于提高建筑工业化水平。焊接网的应用不仅仅是工艺上的转变，而是钢筋工程施工方式的转变，即由手工化向工厂化、商品化的转变。

### 2.2.2 钢筋焊接网混凝土结构应用

1. 材料技术要求

（1）钢筋焊接网宜采用 CRB 550 级冷轧带肋钢筋或 HRB

400级热轧带肋钢筋制作,也可采用CPB 550级冷拔光圆钢筋制作。一片焊接网宜采用同一类型的钢筋焊成。

(2)钢筋焊接网可按形状、规格分为定型焊接网和定制焊接网两种。

①定型焊接网在两个方向上的钢筋间距和直径可以不同,但在同一个方向上的钢筋应具有相同的直径、间距和长度。《钢筋焊接网混凝土结构技术规程》(JGJ/T 114—2003)和《钢筋混凝土用焊接钢筋网》(GB/T 1499.3—2002)标准提供的定型钢筋焊接网的型号见表2-2-1。

**定型钢筋焊接网型号** 表2-2-1

| 焊接网型号 | 纵 向 钢 筋 | | | 横 向 钢 筋 | | | 重量(kg/m²) |
|---|---|---|---|---|---|---|---|
| | 公称直径(mm) | 间距(mm) | 每延米钢筋面积(mm²/m) | 公称直径(mm) | 间距(mm) | 每延米钢筋面积(mm²/m) | |
| A16 | 16 | | 1006 | 12 | | 566 | 12.34 |
| A14 | 14 | | 770 | 12 | | 566 | 10.49 |
| A12 | 12 | | 566 | 12 | | 566 | 8.88 |
| A11 | 11 | | 475 | 11 | | 475 | 7.46 |
| A10 | 10 | 200 | 393 | 10 | 200 | 393 | 6.16 |
| A9 | 9 | | 318 | 9 | | 318 | 4.99 |
| A8 | 8 | | 252 | 8 | | 252 | 3.95 |
| A7 | 7 | | 193 | 7 | | 193 | 3.02 |
| A6 | 6 | | 112 | 6 | | 142 | 2.22 |
| A5 | 5 | | 98 | 5 | | 98 | 1.54 |
| B16 | 16 | | 2011 | 10 | | 393 | 18.89 |
| B14 | 14 | | 1539 | 10 | | 393 | 15.19 |
| B12 | 12 | 100 | 1131 | 8 | 200 | 252 | 10.90 |
| B11 | 11 | | 950 | 8 | | 252 | 9.13 |
| B10 | 10 | | 785 | 8 | | 252 | 8.14 |

| 焊接网型号 | 纵 向 钢 筋 | | | 横 向 钢 筋 | | | 重量（kg/m²） |
|---|---|---|---|---|---|---|---|
| | 公称直径（mm） | 间距（mm） | 每延米钢筋面积（mm²/m） | 公称直径（mm） | 间距（mm） | 每延米钢筋面积（mm²/m） | |
| B9 | 9 | | 635 | 8 | | 252 | 6.97 |
| B8 | 8 | | 503 | 8 | | 252 | 5.93 |
| B7 | 7 | 100 | 385 | 7 | 200 | 193 | 4.53 |
| B6 | 6 | | 283 | 7 | | 193 | 3.73 |
| B5 | 5 | | 196 | 7 | | 193 | 3.05 |
| C16 | 16 | | 1341 | 12 | | 566 | 14.98 |
| C14 | 14 | | 1027 | 12 | | 566 | 12.51 |
| C12 | 12 | | 754 | 12 | | 566 | 10.36 |
| C11 | 11 | | 634 | 11 | | 475 | 8.70 |
| C10 | 10 | | 523 | 10 | | 393 | 7.19 |
| C9 | 9 | 150 | 423 | 9 | 200 | 318 | 5.82 |
| C8 | 8 | | 335 | 8 | | 252 | 4.61 |
| C7 | 7 | | 257 | 7 | | 193 | 3.53 |
| C6 | 6 | | 189 | 6 | | 142 | 2.60 |
| C5 | 5 | | 131 | 5 | | 98 | 1.80 |
| D16 | 16 | | 2011 | 12 | | 1131 | 24.68 |
| D14 | 14 | | 1539 | 12 | | 1131 | 20.98 |
| D12 | 12 | | 1131 | 12 | | 1131 | 17.75 |
| D11 | 11 | | 950 | 11 | | 950 | 14.92 |
| D10 | 10 | | 785 | 10 | | 785 | 12.33 |
| D9 | 9 | 100 | 635 | 9 | 100 | 635 | 9.98 |
| D8 | 8 | | 503 | 8 | | 503 | 7.90 |
| D7 | 7 | | 385 | 7 | | 385 | 6.04 |
| D6 | 6 | | 283 | 6 | | 283 | 4.44 |
| D5 | 5 | | 196 | 5 | | 196 | 3.08 |

| 焊接网型号 | 纵 向 钢 筋 | | | 横 向 钢 筋 | | | 重量（kg/m²） |
|---|---|---|---|---|---|---|---|
| | 公称直径（mm） | 间距（mm） | 每延米钢筋面积（mm²/m） | 公称直径（mm） | 间距（mm） | 每延米钢筋面积（mm²/m） | |
| E16 | 16 | | 1341 | 12 | | 754 | 16.46 |
| E14 | 14 | | 1027 | 12 | | 754 | 13.99 |
| E12 | 12 | | 754 | 12 | | 754 | 11.84 |
| E11 | 11 | | 634 | 11 | | 634 | 9.95 |
| E10 | 10 | | 523 | 10 | | 523 | 8.22 |
| E9 | 9 | 150 | 423 | 9 | 150 | 423 | 6.66 |
| E8 | 8 | | 335 | 8 | | 335 | 5.26 |
| E7 | 7 | | 257 | 7 | | 257 | 4.03 |
| E6 | 6 | | 189 | 6 | | 189 | 2.96 |
| E5 | 5 | | 131 | 5 | | 131 | 2.05 |

②定制焊接网的形状、尺寸应根据设计和施工要求，由供需双方协商确定。

（3）钢筋焊接网的规格宜符合下列规定：

①钢筋直径：冷轧带肋钢筋或冷拔光面钢筋为 4～12mm，冷加工钢筋直径在 4～12mm 范围内可采用 0.5mm 进级，受力钢筋宜采用 5～12mm；热轧带肋钢筋宜用 6～16mm。

②焊接网长度不宜超过 12m，宽度不宜超过 3.3m。

③焊接网制作方向的钢筋间距宜为 100、150、200mm，与制作方向垂直的钢筋间距宜为 100～400mm，且宜为 10mm 的整倍数。焊接网的纵向、横向钢筋可以采用不同种类的钢筋。当双向板底网（或面网）采用《钢筋焊接网混凝土结构技术规程》（JGJ 114—2003）第5.2.10 条规定的双层配筋时，非受力钢筋的间距不宜大于 1000mm。

④钢筋焊接网宜用作钢筋混凝土结构构件的受力主筋、构造

钢筋以及预应力混凝土结构构件中的非预应力钢筋。

（4）钢筋焊接网配筋的混凝土结构构件计算方法应符合现行国家标准《混凝土结构设计规范》（GB 50010—2002）的有关规定。

2. 构造规定

（1）板类构件受力钢筋的混凝土保护层最小厚度（从钢筋的外边缘算起）应符合表 2-2-2 的规定。

**板类构件受力钢筋的混凝土保护层最小厚度**（mm）　　表 2-2-2

| 环 境 条 件 | 混凝土强度等级 | | |
|---|---|---|---|
| | C20 | C25～C35 | ≥C40 |
| 室内正常环境 | 15 | | |
| 露天或室内高湿度环境 | 35 | 25 | 15 |

注：1. 分布钢筋的保护层厚度不应小于10mm。

　　2. 要求使用年限较长的重要建筑物，当处于露天或室内高湿度环境时，其保护层厚度应适当增加。

　　3. 有防火要求的建筑物，其保护层厚度尚应符合国家现行有关防火规范的规定。

（2）板类构件纵向受力钢筋的配筋率不应小于 0.15%。受力钢筋的直径不宜小于 5mm，间距不宜大于 200mm。

（3）单向板中单位长度上的分布钢筋，其截面面积不应小于单位长度上受力钢筋截面面积的 10%，其直径不宜小于 5mm，间距不应大于 300mm。

（4）锚固：对受拉冷轧带肋钢筋焊接网，在锚固长度范围内应有不少于两根横向钢筋且较近 1 根横向钢筋至计算截面的距离不小于 50mm 时（图 2-2-1），其最小锚固长度 $l_a$ 不应小于表 2-2-3规定的数值。

对受拉冷拔光圆钢筋焊接网，在锚固长度范围内应有不少于两根横向钢筋且较近 1 根横向钢筋至计算截面的距离不小于 50mm（图 2-2-2）时，其最小锚固长度 $l_a$ 不应小于表 2-2-3 规定的数值。

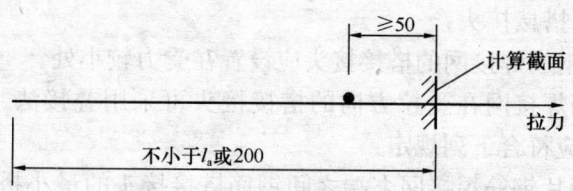

图 2-2-1 受拉冷轧带肋钢筋焊接网的锚固

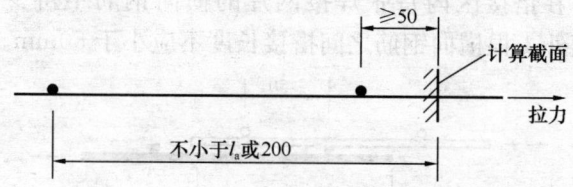

图 2-2-2 受拉冷拔光圆钢筋焊接网的锚固

纵向受拉钢筋焊接网最小锚固长度 $l_a$（mm）　　表 2-2-3

| 焊 接 网 类 型 | | 混凝土强度等级 | | | | |
|---|---|---|---|---|---|---|
| | | C20 | C25 | C30 | C35 | ≥C40 |
| 冷拔光圆钢筋 | 冷拔光圆钢筋焊接网 | $35d$ | $30d$ | $27d$ | $25d$ | $23d$ |
| CRB550 级钢筋 | 锚固长度内无横筋 | $40d$ | $35d$ | $30d$ | $28d$ | $25d$ |
| 焊接网 | 锚固长度内有横筋 | $30d$ | $25d$ | $23d$ | $21d$ | $20d$ |
| HRB400 级钢筋 | 锚固长度内无横筋 | $45d$ | $40d$ | $35d$ | $32d$ | $30d$ |
| 焊接网 | 锚固长度内有横筋 | $35d$ | $31d$ | $28d$ | $25d$ | $23d$ |

注：1. 当焊接网中的纵向钢筋为主筋时，其锚固长度应按表中数值乘以系数 1.4
后取用。

2. 当锚固区内无横筋，焊接网的纵向钢筋净距不小于 $5d$（$d$ 为纵向钢筋直径）
且纵向钢筋保护层厚度不小于 $3d$ 时，表中钢筋的锚固长度可乘以 0.8 的修
正系数，但不应小于本表注 3 规定的最小锚固长度值。

3. 在任何情况下，光圆钢筋焊接网的锚固长度不应小于 200mm；带肋钢筋锚
固区内有横筋的焊接网的锚固长度不应小于 200mm；锚固区内无横筋时焊
接网钢筋的锚固长度，对冷轧带肋钢筋不应小于 200mm，对热轧带肋钢筋
不应小于 250mm。

4. $d$ 为纵向受力钢筋直径（mm）。

（5）搭接接头：

1）钢筋焊接网的搭接接头应设置在受力较小处。

钢筋焊接网在受拉方向的搭接接头可采用叠接法（或扣接法），并应符合下列规定：

①两片钢筋焊接网末端之间钢筋搭接接头的最小搭接长度，不应小于最小锚固长度 $l_a$ 的 1.3 倍（图 2-2-3），且不应小于 200mm；在搭接区内每张焊接网片的横向钢筋不得少于 1 根，两网片最外 1 根横向钢筋之间搭接长度不应小于 50mm。

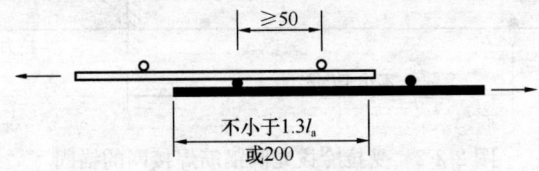

图 2-2-3　冷轧带肋钢筋焊接网搭接接头

当搭接区内两张网片中有一片无横向钢筋（采用平搭法）时，带肋钢筋焊接网的最小搭接长度应为锚固区内无横筋时的 $l_a$ 值的 1.3 倍，且不应小于 300mm。

注：当搭接区内纵向受力钢筋的直径 $d \geqslant 10mm$ 时，其搭接长度应按本条的计算值增加 $3d$ 采用。

② 冷拔光圆钢筋焊接网在搭接长度范围内每张网片的横向钢筋不应少于两根，两片焊接网最外边横向钢筋间的搭接长度不应少于一个网格加 50mm（图 2-2-4），也不应小于 $l_a$ 的 1.3 倍，且不应小于 200mm。

冷拔光圆钢筋焊接网的受力钢筋，当搭接区内一张网片无横向钢筋且无附加钢筋、网片或附加锚固构造措施时，不得采用搭接。

图 2-2-4　冷拔光圆钢筋焊接网搭接接头

2）钢筋焊接网在受压方向的搭接长度，应取受拉钢筋搭接长度的 0.7 倍，且不应小于 150mm。

3）钢筋焊接网在非受力方向的分布钢筋的搭接，当采用叠接法（图 2-2-5a）或扣接法（图 2-2-5b）时，在搭接范围内每个网片至少应有 1 根受力主筋，搭接长度不应小于 20d（d 为分布钢筋直径）且不应小于 150mm；当采用平搭法且一张网片在搭接区内无受力钢筋时，其搭接长度不应小于 20d，且不应小于 200mm（图 2-2-5c）。

注：当搭接区内分布钢筋的直径 d>8mm 时，其搭接长度应按本条的规定值增加 5d 采用。

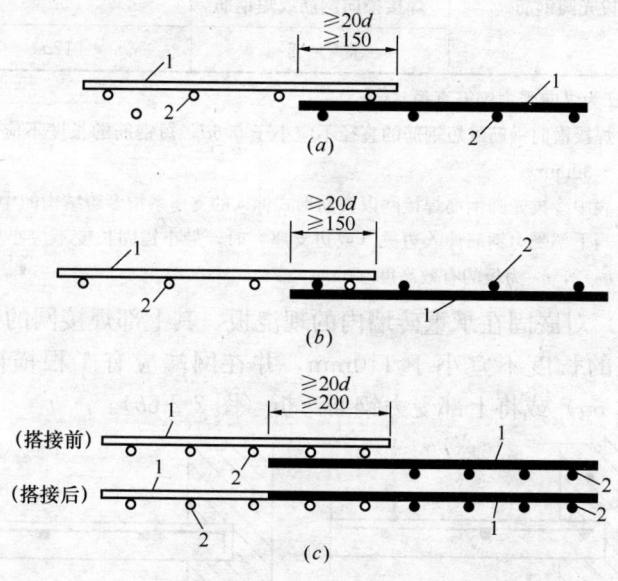

图 2-2-5 钢筋焊接网在非受力方向的搭接
(a) 叠接法；(b) 扣接法；(c) 平搭法
1—分布钢筋；2—受力钢筋

**3. 板**

（1）板的受力钢筋焊接网不宜在弯矩较大处进行搭接。

板伸入支座的下部纵向受力钢筋，其间距不应大于 400mm，其截面面积不应小于跨中受力钢筋截面面积的 1/3。

（2）当板的剪力设计植 $V$ 不大于 $0.07f_cbh_0$ 时，板的下部纵向受力钢筋伸入支座的最小锚固长度 $l_{as}$ 不应小于表 2-2-4 规定的数值。

板的下部纵向受力钢筋伸入支座的最小锚固长度 $l_{as}$（mm）

表 2-2-4

| 焊接网类别 | 支座内钢筋锚固端形式 | 最小锚固长度 |
|---|---|---|
| 冷轧带肋钢筋 | 直　　筋 | $5d$ |
| 冷拔光圆钢筋 | 弯　　钩 | $5d$ |
| | 焊接横向钢筋或短钢筋 | $5d$ |
| | 直　　筋 | $12d$ |

注：1. $d$ 为纵向受力钢筋直径（mm）。

2. 焊接横向钢筋或短钢筋的直径不应小于 $0.6d$，短钢筋的长度不应小于（$d$ +30mm）。

3. 表中冷拔光圆钢筋焊接网以直筋形式伸入的支座系指多跨结构的中间支座；当下部受力钢筋伸入边梁（或边支座）时，最小锚固长度不应小于 $12d$ + $h_0/2$，$h_0$ 为板的有效高度（mm）。

（3）对嵌固在承重砖墙内的现浇板，其上部焊接网的钢筋伸入支座的长度不宜小于 110mm，并在网端应有 1 根横向钢筋（图 2-2-6$a$）或将上部受力钢筋弯折（图 2-2-6$b$）。

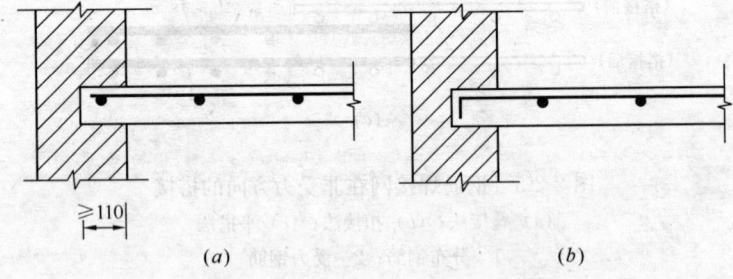

$(a)$　　　　　　　　　　$(b)$

图 2-2-6　板上部受力钢筋焊接网的锚固

（4）对嵌固在承重砖墙内的现浇板，当在板的上部配置构造钢筋焊接网（图 2-2-7）时，应符合下列规定：

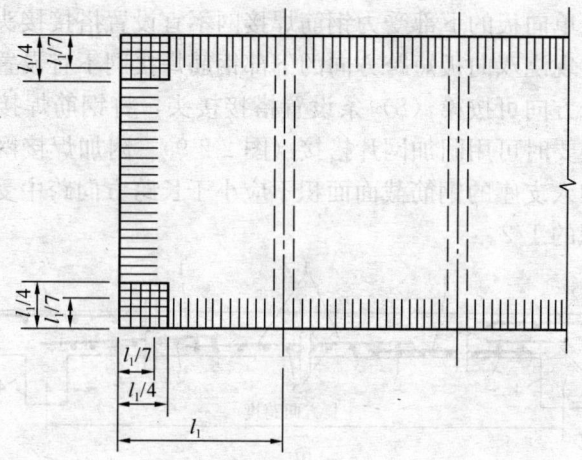

图 2-2-7 嵌固在承重砖墙内的板上部构造钢筋焊接网

①构造钢筋焊接网的钢筋直径不应小于 5mm，间距不应大于 200mm，伸出墙边的长度不应小于 $l_1/7$（$l_1$ 为单向板的跨度或双向板的短边跨度）。

②对两边均嵌固在墙内的板角部分，配置的上部构造钢筋焊接网，其伸出墙边的长度不应小于 $l_1/4$。

③沿受力方向配置的上部构造钢筋焊接网的截面面积不宜小于跨中受力钢筋截面面积的 1/3；沿非受力方向配置的上部构造钢筋焊接网可适当减少。

（5）当端跨板与混凝土梁连接处按构造要求设置上部钢筋焊接网时，其钢筋伸入梁内的长度不应小于 $20d$，当梁的宽度较小时，应将上部钢筋弯折（图 2-2-8）。

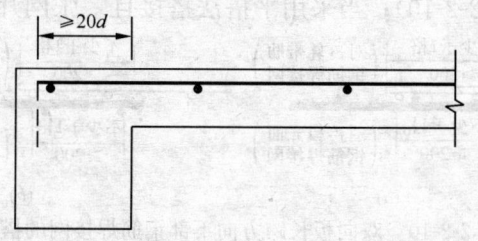

图 2-2-8 板上部钢筋焊接网与混凝土梁的连接

（6）单向板的下部受力钢筋焊接网不宜设置搭接接头。

（7）现浇双向板短跨方向的下部钢筋焊接网不宜设置搭接接头；长跨方向可按第（8）条设置搭接接头，将钢筋焊接网伸入支座，必要时可用附加网片搭接（图 2-2-9）。附加焊接网片或绑扎钢筋伸入支座的钢筋截面面积不应小于长跨方向跨中受力钢筋截面面积的 1/2。

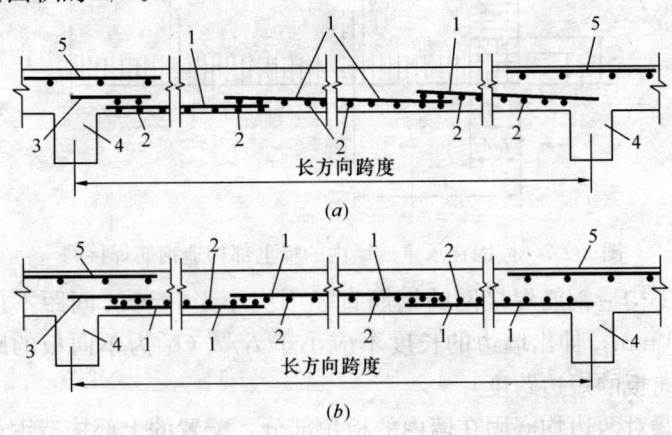

图 2-2-9　钢筋焊接网在双向板长跨方向的搭接

（a）叠接法搭接；（b）扣接法搭接

1—长跨方向钢筋；2—短跨方向钢筋；3—伸入支座的附加网片；

4—支承梁；5—支座上部钢筋

（8）多跨连续现浇双向板在均布荷载作用下，当长跨方向下部钢筋焊接网的搭接接头位于跨中 1/3 跨度以外的区段时，宜采用扣接法或叠接法搭接，搭接长度不应少于一个网格且不应小于 200mm（图 2-2-10）；当采用平搭法搭接且一张网片在搭接区内

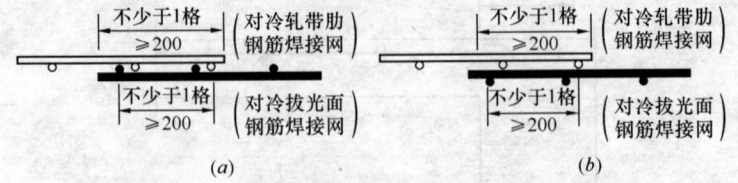

图 2-2-10　双向板长跨方向下部钢筋焊接网的搭接

（a）扣接法；（b）叠接法

无横向钢筋时，对于冷轧带肋钢筋焊接网，其搭接长度不应小于表 2-2-3 规定的最小锚固长度 $l_a$，且不应小于 200mm。

当搭接接头位于边跨且靠边边梁（或边支座）的 1/3 跨度区段时，其搭接长度应符合 2 构造规定中第（5）条的规定。

（9）楼板上层钢筋焊接网与柱的连接可采用整张网片套在柱上（图 2-2-11a），然后再将其他网片与此网片搭接；也可将上层

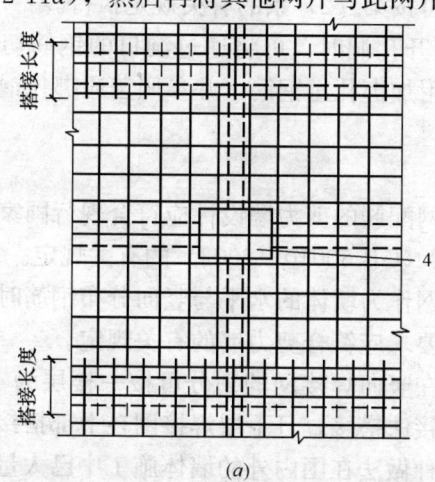

(a)

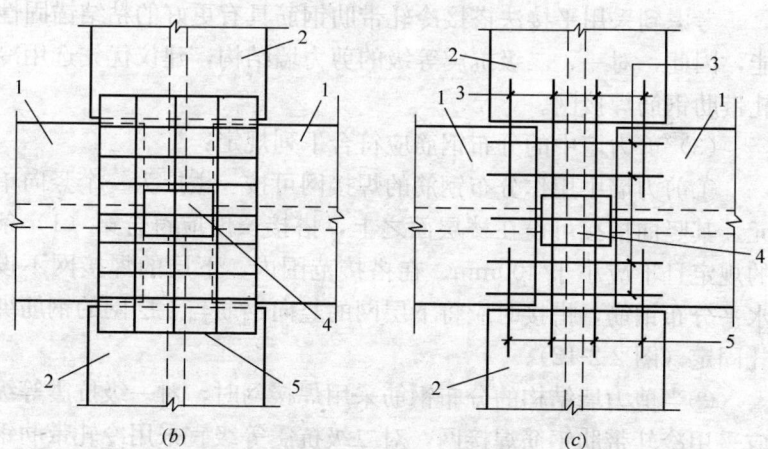

(b)      (c)

图 2-2-11 楼板上层钢筋焊接网与柱的连接
1—主要受力焊接网；2—非主要受力焊接网；3—附加
绑扎钢筋；4—柱；5—焊接网片

网片在一个方向铺至柱边，另一方向铺至前一个方向网片的边缘，其余部分按等强度设计原则用局部套在柱上的焊接网片补强（图 2-2-11b），或采用附加钢筋予以补强（图 2-2-11c）。网片的搭接长度应符合一般规定中的有关规定。当采用光圆钢筋补强时，应在钢筋端部做成弯钩或采取其他锚固措施。下层钢筋焊接网与梁、柱的连接可按第（2）条的有关规定执行。

（10）当楼板上开孔洞时，可将通过洞口的钢筋切断，按等强度设计原则增加附加绑扎短钢筋，并参照普通绑扎钢筋相应的构造处理。

4. 墙

（1）钢筋焊接网配筋的剪力墙设计应符合现行国家标准《混凝土结构设计规范》（GB 50010—2002）的有关规定。

（2）钢筋焊接网作为墙体的水平与竖向分布钢筋时，钢筋的最小配筋率及构造要求应符合剪力墙的有关规定。

为方便施工，在竖向焊接网的划分可按一楼层为一个单元，在楼面以上采用平接法搭接，且下层焊接网在上部搭接区段可不焊接水平钢筋。这种做法在国内外的墙体施工中已大量采用。

考虑到采用平接法搭接冷轧带肋钢筋具有更好的粘结锚固性能，因此，对一、二级抗震等级的剪力墙结构，建议优先选用冷轧带肋钢筋焊接网。

（3）剪力墙中的分布钢筋应符合下列规定：

①剪力墙中用作分布钢筋的焊接网可按一楼层为一个竖向单元。其竖向搭接可设在楼层面之上，搭接长度应符合第（1）条的规定且不应小于 400mm。在搭接范围内，下层的焊接网不设水平分布钢筋，搭接时应将下层网的竖向钢筋与上层网的钢筋绑扎固定（图 2-2-12）。

②当剪力墙结构的分布钢筋采用焊接网时，对一级抗震等级应采用冷轧带肋钢筋焊接网，对二级抗震等级宜采用冷轧带肋钢筋焊接网。

③当采用冷拔光圆钢筋焊接网作剪力墙的分布筋时，其竖向

分布钢筋未焊水平筋的上端应有垂直于墙面的 90°直钩，直钩长度为 $5d \sim 10d$（$d$ 为竖向分布钢筋直径），且不应小于 50mm。

（4）墙体中钢筋焊接网在水平方向的搭接可采用平搭法或附加搭接网片的扣接法（图2-2-13）。

（5）钢筋焊接网在墙体端部的构造应符合下列规定：

①当墙体端部无暗柱或端柱时，可用现场绑扎的附加钢筋连接。附加钢筋的间距宜与钢筋焊接网水平钢筋的间距相同，其直径可按等强度设计原则确定（图 2-2-14$a$），附加钢筋的锚固长度不应小于最小锚固长度。

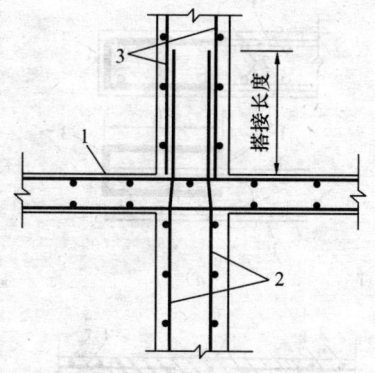

图 2-2-12　钢筋焊接网的竖向搭接
1—楼板；2—下层焊接网；
3—上层焊接网

图 2-2-13　焊接网水平方向采用附加搭接网片的扣接法
1—水平分布钢筋；2—竖向分布钢筋；3—附加搭接网片

②当墙体端部设有暗柱或端柱时，焊接网的水平钢筋可插入柱内锚固（图2-2-14$b$、$c$、$d$、$e$），该插入部分可不焊接竖向钢筋，其锚固长度，对冷轧带肋钢筋应符合表 2-2-3 的规定；对冷拔光圆钢筋宜在端头设置弯钩或焊接短筋，其锚固长度不应小于 $40d$（对 C20 混凝土）或 $30d$（对 C30 混凝土），且不应小于 250mm，并应采用钢丝与柱的纵向钢筋绑扎。当钢筋焊接网设置在暗柱或端柱钢筋的外侧时，应与暗柱或端柱钢筋有可靠的连接措施。

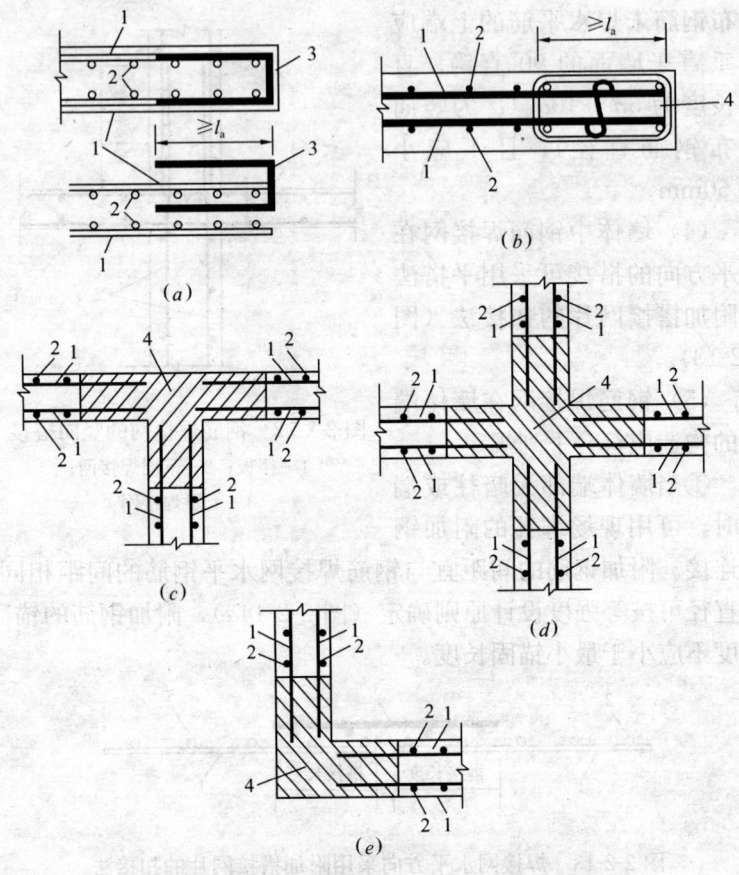

图 2-2-14　钢筋焊接网在墙体端部的构造

（*a*）墙端无暗柱；（*b*）墙端设有暗柱；（*c*）相交墙体（T形）；

（*d*）相交墙体（十字形）；（*e*）相交墙体（L形）

1—焊接网水平钢筋；2—焊接网竖向钢筋；3—附加连接钢筋；4—暗柱

（6）墙体内双排钢筋焊接网之间应设置拉筋连接，其直径不应小于 6mm，间距不应大于 700mm。

**5. 施工**

（1）钢筋焊接网的检查验收

1）钢筋焊接网应成批验收，每批应由同一厂家生产、受力主筋为同一直径的焊接网组成，重量不应大于20t。

2）每批焊接网应抽取5％（不少于3片）的网片，外观质量和几何尺寸的检验应符合下列规定：

①钢筋交叉点开焊数量不得超过整个网片交叉点总数的1％。并且任1根钢筋上开焊点数不得超过该根钢筋上交叉点总数的50％。焊接网最外边钢筋上的交叉点不得开焊。

②焊接网表面不得有油渍及其他影响使用的缺陷，可允许有毛刺、表面浮锈以及因取样产生的钢筋局部空缺，但空缺必须用相应的焊接网补上。

③焊接网几何尺寸的允许偏差应符合表2-2-5的规定，且在一张网片中纵、横向钢筋的数量应符合设计要求。

**焊接网几何尺寸允许偏差**（mm） 表2-2-5

| 项　　目 | 允许偏差 | 项　　目 | 允许偏差 |
|---|---|---|---|
| 网片的长度、宽度 | ±25 | 网格的长度、宽度 | ±10 |

注：当需方有要求时，经供需双方协商，焊接网片长度允许偏差可取±10mm。

3）对冷拔光圆钢筋焊接网，应从每批中随机抽取5％（不少于3片）的网片做钢筋直径偏差检验。钢筋直径偏差检验应在每张网片的纵、横向钢筋中随机抽取5根钢筋，钢筋直径的允许偏差应符合表2-2-6的规定。

**冷拔光圆钢筋直径允许偏差**（mm） 表2-2-6

| 钢筋公称直径（$d$） | ≤5 | 5<$d$<10 | ≥10 |
|---|---|---|---|
| 允许偏差 | ±0.10 | ±0.15 | ±0.20 |

4）对冷轧带肋钢筋焊接网，应从每批中随机抽取一张网片，进行重量偏差检验，试件尺寸为1000mm×1000mm，试样上每根钢筋的长度偏差为±5mm，对每平方米重量不小于5kg的试样，重量允许偏差为±0.05kg，对每平方米重量小于5kg的试样，重量允许偏差为±0.01kg。钢筋焊接网每平方米的实际重量与公称重量的允许偏差为±4.5％。

5）钢筋焊接网的强度、伸长度、冷弯及抗剪试验应符合以下各项规定。

①钢筋焊接网宜采用符合现行国家标准《冷轧带肋钢筋》（GB 13788—2008）规定的 CRB550 级冷轧带肋钢筋制作。

②制造冷拔光圆钢筋的热轧盘条宜符合现行国家标准《低碳钢热轧圆盘条》（GB/T 701—2007）。

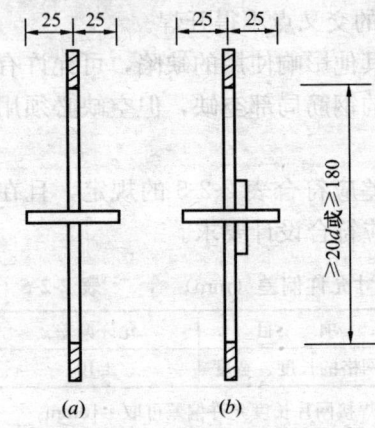

③冷拔光圆钢筋直径为 4～12mm，钢筋的表面应符合（GB 13788—2000）的相应规定。

④在每批焊接网中，应随机抽取一张网片，在纵、横向钢筋上各截取 2 根试样，分别进行强度（包括伸长率）和冷弯试验。每个试样应含有不少于 1 个焊接点，试样长度应足以保证夹具之间的距离不小于 20 倍试样直径，且不小于 180mm。对于并筋，非受拉钢筋应在离交叉焊点约 20mm 处切断（图 2-2-15）。

图 2-2-15　焊接网拉伸试样

（a）单筋试样；（b）并筋试样

6）钢筋焊接网的力学性能和工艺性能试验结果应符合表2-2-7的规定。

钢筋焊接网力学性能和工艺性能　　　　　　表 2-2-7

| 抗拉强度 $\sigma_b$（N/mm²） | 伸长率 $\delta_{10}$（%） | 冷弯 180° | |
|---|---|---|---|
| ≥550（冷轧带肋钢筋） | ≥8 | $D=3d$ | 受弯曲部位表面不得产生裂纹 |
| ≥510（冷拔光圆钢筋） | | | |

注：1. 抗拉强度按公称直径 $d$ 计算。

　　2. 伸长率 $\delta_{10}$ 的测量标距为 $10d$。

　　3. $D$ 为芯径直径。

焊接网的拉伸、冷弯试验结果如不合格，则应从该批焊接网中再取双倍试样进行不合格项目的检验，复验结果全部合格时，该批焊接网方可判定为合格。

7）在每批焊接网中，随机抽取一张网片，在同 1 根非受拉钢筋上随机截取 3 个抗剪试样（图 2-2-16）。当并筋时，非受拉钢筋应在交叉焊点处切断，但不应损伤受拉钢筋焊点。

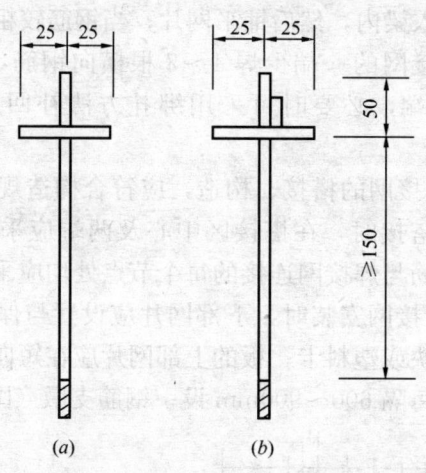

图 2-2-16　焊接网抗剪试样
（*a*）单筋试样；（*b*）并筋试样

钢筋焊接网焊点的抗剪力（单位为 N）不应小于 150 与较粗钢筋公称横截面积（单位为 $mm^2$）的乘积。抗剪力的试验结果应按 3 个试样的平均值计算。

焊接网抗剪力试验结果平均值如不合格时，则取样的同 1 根非受拉钢筋上的所有交叉焊点均应取样检验。当全部交叉焊点试验结果平均值合格时，该批焊接网方可判定为合格。

（2）钢筋焊接网的安装

1）钢筋焊接网运输时应捆扎整齐、牢固，每捆重量不应超过 2t，必要时应加刚性支撑或支架。

2）进场的钢筋焊接网宜按施工吊装顺序要求堆放，并应有明显的标志。

3）附加钢筋宜在现场绑扎，并应符合现行国家标准《混凝土结构工程施工质量验收规范》（GB 50204—2002）的有关规定。

4）对两端须插入梁内锚固的焊接网，当网片纵向钢筋较细时，可利用网片的弯曲变形性能，先将焊接网中部向上弯曲，使两端能先后插入梁内，然后铺平网片；当钢筋较粗焊接网不能弯曲时，可将焊接网的一端少焊 1～2 根横向钢筋，先插入该端，然后退插另一端，必要时可采用绑扎方法补回所减少的横向钢筋。

5）钢筋焊接网的搭接、构造，应符合构造规定中的有关规定。两张网片搭接时，在搭接区中心及两端应采用钢丝绑扎牢固。在附加钢筋与焊接网连接的每个节点处均应采用钢丝绑扎。

6）钢筋焊接网安装时，下部网片应设置与保护层厚度相当的水泥砂浆垫块或塑料卡；板的上部网片应在短向钢筋两端，沿长向钢筋方向每隔 600～900mm 设一钢筋支墩（图 2-2-17）。

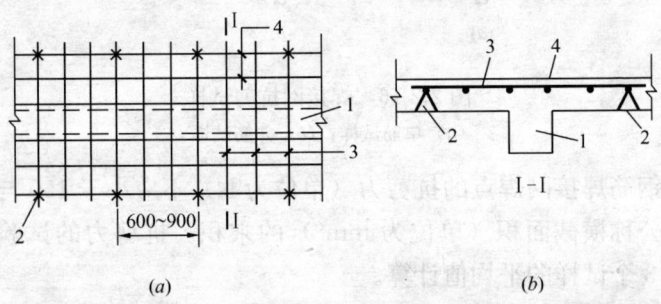

图 2-2-17　上部钢筋焊接网的支墩
1—梁；2—支墩；3—短向钢筋；4—长向钢筋

7）钢筋焊接网长度和宽度的允许偏差为±25mm，其他安装允许偏差应符合现行国家标准《混凝土结构工程施工质量验收规范》（GB 50204—2002）的规定。

# 3. 钢筋连接技术

## 3.1 镦粗直螺纹钢筋连接技术

镦粗直螺纹钢筋接头是通过冷镦粗设备，先将钢筋连接端头冷镦粗，再在镦粗端加工成直螺纹丝头，然后，将两根已镦粗套丝的钢筋连接端穿入配套加工的连接套筒，旋紧后，即成为一个完整的接头。

该接头的钢筋端部经冷镦后不仅直径增大，使加工后的丝头螺纹底部最小直径不小于钢筋母材的直径；而且钢材冷镦后，还可提高接头部位的强度。因此，该接头可与钢筋母材等强，其性能相当于表 3-1-1 和表 3-1-2 中的 Ⅰ、Ⅱ 级。该项技术由中国建筑科学研究院于 1995 年研制开发，1997 年通过建设部鉴定，被建设部列为国家级科技成果推广项目，并于 1999 年批准和颁布了国家建筑工业行业标准，现行标准为《镦粗直螺纹钢筋接头》(JG 171—2005)。

**接头的抗拉强度**　　　　　　　　　　表 3-1-1

| 接头等级 | Ⅰ 级 | Ⅱ 级 | Ⅲ 级 |
|---|---|---|---|
| 抗拉强度 | $f_{mst}^0 \geqslant f_{st}^0$ 或 $\geqslant 1.10 f_{uk}$ | $f_{mst}^0 \geqslant f_{uk}$ | $f_{mst}^0 \geqslant 1.35 f_{yk}$ |

注：$f_{mst}^0$——接头试件实际抗拉强度；

　　$f_{st}^0$——接头试件中钢筋抗拉强度实测值；

　　$f_{uk}$——钢筋抗拉强度标准值；

　　$f_{yk}$——钢筋屈服强度标准值。

**接头的变形性能**　　　　　　　　　　表 3-1-2

| 接　头　等　级 | | Ⅰ、Ⅱ 级 | Ⅲ 级 |
|---|---|---|---|
| 单向拉伸 | 非弹性变形（mm） | $u \leqslant 0.10$ ($d \leqslant 32$) $u \leqslant 0.15$ ($d > 32$) | $u \leqslant 0.10$ ($d \leqslant 32$) $u \leqslant 0.15$ ($d > 32$) |
| | 总伸长率（%） | $\delta_{sgt} \geqslant 4.0$ | $\delta_{sgt} \geqslant 2.0$ |

| 接　头　等　级 | | Ⅰ、Ⅱ级 | Ⅲ级 |
|---|---|---|---|
| 高应力反复拉压 | 残余变形（mm） | $u_{20} \leqslant 0.3$ | $u_{20} \leqslant 0.3$ |
| 大变形反复拉压 | 残余变形（mm） | $u_4 \leqslant 0.3$<br>$u_8 \leqslant 0.6$ | $u_4 \leqslant 0.6$ |

注：$u$——接头的非弹性变形；

　　$u_{20}$——接头经高应力反复拉压 20 次后的残余变形；

　　$u_4$——接头经大变形反复拉压 4 次后的残余变形；

　　$u_8$——接头经大变形反复拉压 8 次后的残余变形；

　　$\delta_{sgt}$——接头试件总伸长率。

1. 特点

（1）接头强度高

镦粗直螺纹接头不削弱钢筋母材截面积，冷镦后还可提高钢材强度。能充分发挥 HRB335、HRB400 级钢筋的强度和延性。

（2）连接速度快

套筒短、螺纹丝扣少、施工方便、连接速度快。

（3）应用范围广

除适用于水平、垂直钢筋连接外，还适用于弯曲钢筋及钢筋笼等不能转动钢筋的连接。

（4）生产效率高

镦粗、切削一个丝头仅需 30～50s，每套设备每班可加工 400～600 个丝头。

（5）适应性强

现场施工时，风、雨、停电、水下、超高等环境均适用。

（6）节能、经济

钢材比锥螺纹接头约节省 35%，比套筒挤压接头约节省 70%；成本与套筒挤压接头相近，粗直径钢筋约节省钢材 20% 左右。

2. 产品分类

（1）接头按使用场合分类（表 3-1-3 及图 3-1-1）

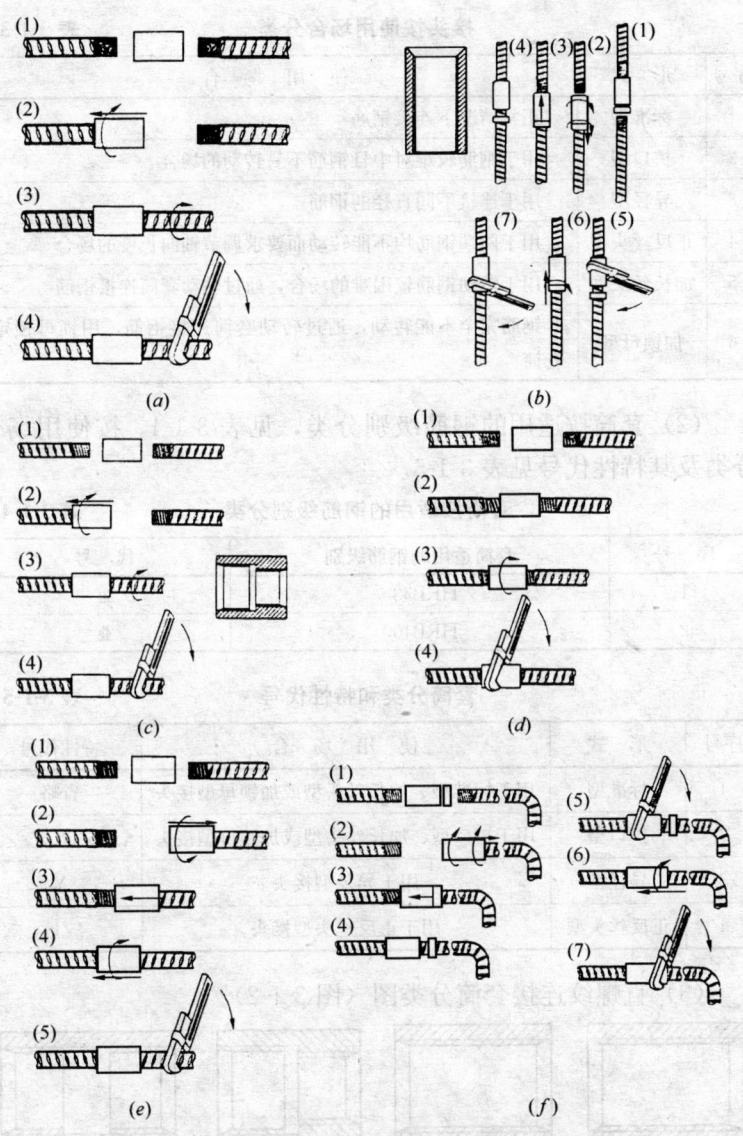

图 3-1-1　钢筋接头按使用场合分类示意图

(*a*) 标准型接头；(*b*) 扩口型接头；(*c*) 异径型接头；(*d*) 正反丝

头型接头；(*e*) 加长丝头型接头；(*f*) 加锁母型接头

注：图中 (1) ～ (7) 为接头连接时的操作顺序。

**接头按使用场合分类**　　　　表 3-1-3

| 序号 | 形 式 | 使 用 场 合 |
|---|---|---|
| 1 | 标准型 | 正常情况下连接钢筋 |
| 2 | 扩口型 | 用于钢筋较难对中且钢筋不易转动的场合 |
| 3 | 异径型 | 用于连接不同直径的钢筋 |
| 4 | 正反丝头型 | 用于两端钢筋均不能转动而要求调节轴向长度的场合 |
| 5 | 加长丝头型 | 用于转动钢筋较困难的场合，通过转动套筒连接钢筋 |
| 6 | 加锁母型 | 钢筋完全不能转动，通过转动套筒连接钢筋，用锁母锁定套筒 |

（2）套筒按适用的钢筋级别分类，见表 3-1-4。按使用场合分类及其特性代号见表 3-1-5。

**套筒按适用的钢筋级别分类**　　　　表 3-1-4

| 序 号 | 套筒适用的钢筋级别 | 代 号 |
|---|---|---|
| 1 | HRB335 | 叫 |
| 2 | HRB400 | 亚 |

**套筒分类和特性代号**　　　　表 3-1-5

| 序号 | 形 式 | 使 用 场 合 | 特性代号 |
|---|---|---|---|
| 1 | 标准型 | 用于标准型、加长丝头型或加锁母型接头 | 省略 |
| 2 | 扩口型 | 用于扩口型、加长丝头型或加锁母型接头 | K |
| 3 | 异径型 | 用于异径型接头 | Y |
| 4 | 正反丝头型 | 用于正反丝头型接头 | ZF |

（3）直螺纹连接套筒分类图（图 3-1-2）

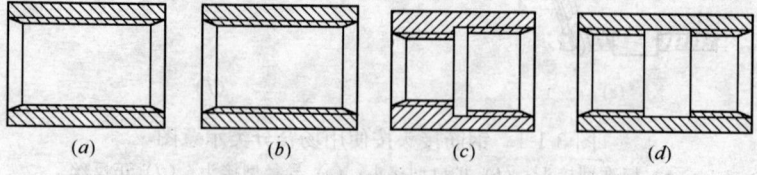

图 3-1-2　连接套筒分类图

（a）标准型；（b）扩口型；（c）异径型；（d）正反丝头型

1）标准型套筒

带右旋等直径内螺纹，端部 2 个螺距带有锥度（图 3-1-2a）；

2）扩口型套筒

带右旋等直径内螺纹，一端带有 45°或 60°的扩口，以便于对中入扣（图 3-1-2b）；

3）异径型套筒

带右旋两端具有不同直径的内直螺纹，用于连接不同直径的钢筋（图 3-1-2c）；

4）正反丝头型套筒

套筒两端各带左、右旋等直径内螺纹，用于钢筋不能转动的场合（图 3-1-2d）。

3. 适用范围

适用于钢筋混凝土结构中直径 16～40mm 的 HRB335、HRB400 钢筋的连接。其接头类型见表 3-1-3 及图 3-1-1。

由于镦粗直螺纹钢筋接头的性能指标可达到表 3-1-1 中Ⅰ、Ⅱ级标准，因此，适用于一切抗震和非抗震设防工程中的任何部位。必要时，在同一连接范围内钢筋接头的百分率，可以不受限制。如：钢筋笼的钢筋对接；伸缩缝或新老结构连接部位钢筋的对接以及滑模施工的筒体或墙体同以后施工的水平结构（如梁）的钢筋连接等。

4. 材料要求

（1）钢筋

应符合现行国家标准《钢筋混凝土用钢》（GB 1499—2008）的要求。

（2）连接套筒与锁母

宜使用优质碳素结构钢或低合金高强度结构钢。并应有供货单位的质量检验合格证书。

5. 技术性能

（1）镦粗直螺纹钢筋接头的技术性能应满足强度和变形等方面的要求，其性能指标参见表 3-1-1 和表 3-1-2 中Ⅰ、Ⅱ两个性能等级。

（2）镦粗直螺纹钢筋接头用于直接承受动力荷载的结构工程时，尚应满足设计要求的抗疲劳性能。

6. 使用要求

（1）丝头

不同工况下，丝头应满足下列使用要求：

1）适用于标准型接头的丝头，其长度应为 1/2 套筒长度，公差为＋1$P$（$P$ 为螺距），以保证套筒在接头的居中位置。

2）适用于加长丝头型、扩口型和加锁母型接头的丝头，其丝头长度应保证套筒、或套筒与锁母全部旋入，满足转动套筒即可进行钢筋连接的要求。

（2）连接套筒

套筒的应用场合和使用要求：

1）标准型套筒可适用于连接标准型接头、加长丝头型接头和加锁母型接头；

2）异径型套筒应满足设计要求的不同直径钢筋的连接要求；

3）扩口型套筒应满足钢筋较难对中和不易转动的情况下，便于钢筋丝头入扣连接；

4）正反丝口型套筒应满足正反丝头型接头的钢筋连接要求。

7. 机具设备

（1）直螺纹镦粗、套丝设备

镦粗直螺纹使用的机具设备主要有镦头机、套丝机和高压油泵等，其型号见表 3-1-6。

**镦粗直螺纹机具设备表**　　　　表 3-1-6

| 镦 头 机 | | | | 套丝机 | | 高压油泵 | |
|---|---|---|---|---|---|---|---|
| 型号 | LD700 | LD800 | LD1800 | 型号 | TS40 | | |
| 镦压力（kN） | 700 | 1000 | 2000 | 功率（kW） | 4.0 | 电机功率（kW） | 3.0 |
| 行程（mm） | 40 | 50 | 65 | 转速（r/min） | 40 | 最高额定压力（MPa） | 63 |

| 镦 头 机 | | | 套丝机 | | 高压油泵 | |
|---|---|---|---|---|---|---|
| 型号 | LD700 | LD800 | LD1800 | 型号 | TS40 | |
| 适用钢筋直径 (mm) | 16～25 | 16～32 | 28～40 | 适用钢筋直径 (mm) | 16～40 | 流量 (L/min) | 6 |
| 重量 (kg) | 200 | 385 | 550 | 重量 (kg) | 400 | 重量 (kg) | 60 |
| 外形尺寸 (mm) | 575×250 ×250 | 690×400 ×370 | 830×425 ×425 | 外形尺寸 (mm) | 1200×1050 ×550 | 外形尺寸 (mm) | 645×525 ×335 |

注：本表机具设备为北京建硕钢筋连接工程有限公司产品。

上述设备机具应配套使用，每套设备平均 40s 生产 1 个丝头，每台班可生产 400～600 个丝头。

（2）检验工具

1）环规：丝头质量检验工具。每种丝头直螺纹的检验工具分为通端螺纹环规和止端螺纹环规两种（图 3-1-3）。

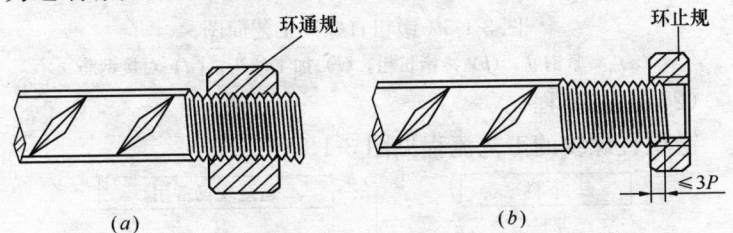

图 3-1-3 丝头质量检验示意图
(a) 通端螺纹环规；(b) 止端螺纹环规

2）塞规：套筒质量检验工具。每种套筒直螺纹的检验工具分为通端螺纹塞规和止端螺纹塞规两种（图 3-1-4）。

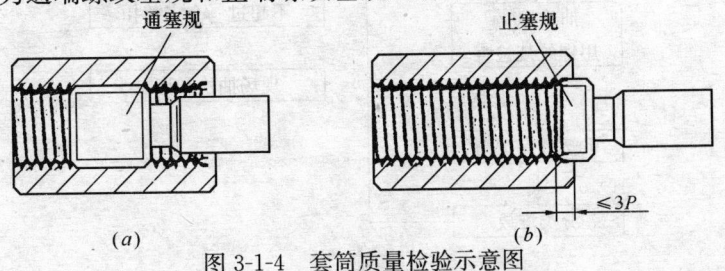

图 3-1-4 套筒质量检验示意图
(a) 通端螺纹塞规；(b) 止端螺纹塞规

3）卡尺等。

8. 工艺要点

（1）工艺原理

镦粗直螺纹接头工艺是先利用冷镦机将钢筋端部镦粗，再用套丝机在钢筋端部的镦粗段上加工直螺纹，然后用连接套筒将两根钢筋对接。由于钢筋端部冷镦后，不仅截面加大，而且强度也有提高。加之，钢筋端部加工直螺纹后，其螺纹底部的最小直径，应不小于钢筋母材的直径。因此，该接头可与钢筋母材等强。其工艺简图见图 3-1-5。

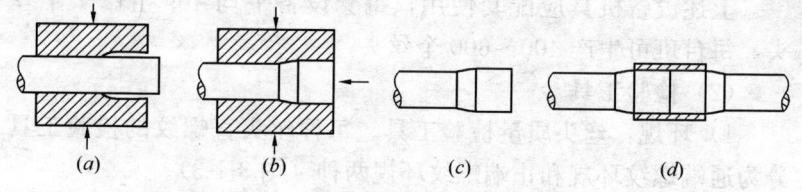

图 3-1-5　镦粗直螺纹工艺简图

（a）夹紧钢筋；（b）冷镦扩粗；（c）加工丝头；（d）对接钢筋

（2）工艺流程

镦粗直螺纹的工艺流程见图 3-1-6。

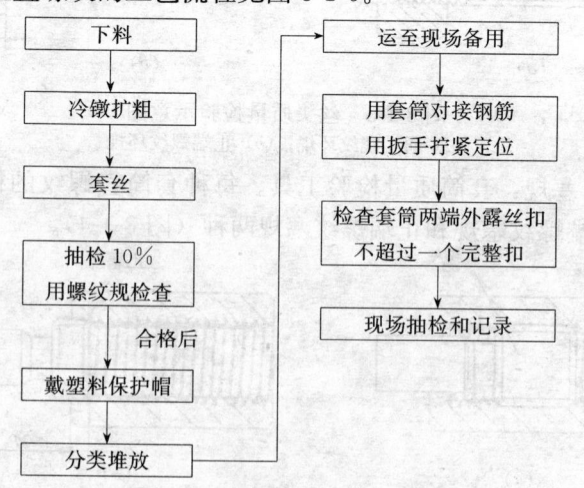

图 3-1-6　镦粗直螺纹工艺流程图

80

（3）制造工艺要求

1）镦粗头

①钢筋下料前应先进行调直，下料时，切口端面应与钢筋轴线垂直，不得有马蹄形或挠曲，端部不直应调直后下料。

②镦粗头的基圆直径 $d_1$ 应大于丝头螺纹外径，长度 $L_0$ 应大于 1/2 套筒长度，冷镦粗过渡段坡度应≤1：5。镦粗头的外形尺寸见图 3-1-7，镦粗量参考资料见表 3-1-7、表 3-1-8。

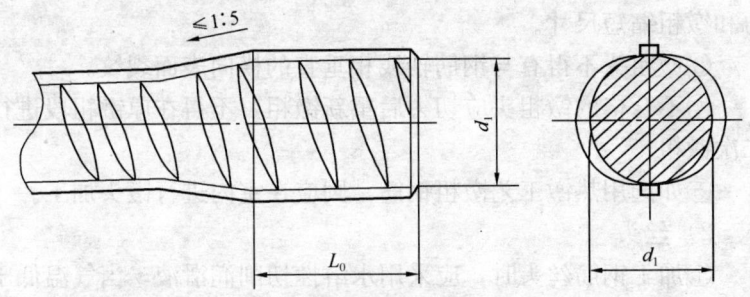

图 3-1-7 镦粗头外形尺寸示意图

**镦粗量参考资料表**                                    表 3-1-7

| 钢筋直径（mm） | $\phi16$ | $\phi18$ | $\phi20$ | $\phi22$ | $\phi25$ | $\phi28$ | $\phi32$ | $\phi36$ | $\phi40$ |
|---|---|---|---|---|---|---|---|---|---|
| 镦粗压力（MPa） | 12~14 | 15~17 | 17~19 | 21~23 | 22~24 | 24~26 | 29~31 | 26~28 | 28~30 |
| 镦粗基圆直径 $d_1$（mm） | 19.5~20.5 | 21.5~22.5 | 23.5~24.5 | 24.5~25.5 | 28.5~29.5 | 31.5~32.5 | 35.5~36.5 | 39.5~40.5 | 44.5~45.5 |
| 镦粗缩短尺寸（mm） | 12±3 | 12±3 | 12±3 | 15±3 | 15±3 | 15±3 | 18±3 | 18±3 | 18±3 |
| 镦粗长度 $L_0$（mm） | 16~18 | 18~20 | 20~23 | 22~25 | 25~28 | 28~31 | 32~35 | 36~39 | 40~43 |

注：摘自建硕钢筋连接工程有限公司工法。

**镦粗量参考资料表**　　　　　　　　　　　　　表 3-1-8

| 钢筋直径（mm） | $\phi22$ | $\phi25$ | $\phi28$ | $\phi32$ | $\phi36$ | $\phi40$ |
|---|---|---|---|---|---|---|
| 镦粗直 $d_1$（mm） | 26 | 29 | 32 | 36 | 40 | 44 |
| 镦粗长度 $L_0$（mm） | 30 | 33 | 35 | 40 | 44 | 50 |

注：摘自北京市北新施工技术研究所产品图册。

表中镦粗压力和镦粗缩短尺寸仅为参考值。在每批钢筋进场加工前应先做镦头试验，以镦粗量合格为标准来调整最佳镦粗压力和镦粗缩短尺寸。

③镦粗头不得有与钢筋轴线相垂直的横向表面裂纹。

④不合格的镦粗头应切去后重新镦粗，不得在原镦粗段进行二次镦粗。

⑤如选用热镦工艺镦粗钢筋，则应在室内进行镦头加工。

2）丝头

①加工钢筋丝头时，应采用水溶性切削润滑液，当气温低于0℃时应有防冻措施，不得在不加润滑液的状态下套丝。

②钢筋丝头的螺纹应与连接套筒的螺纹相匹配，公差带应符合《普通螺纹　公差》（GB 17197—2003）的规定，螺纹精度可选用 6f。

③完整螺纹部分牙形饱满，牙顶宽度超过 $0.25P$（$P$ 为螺距）的秃牙部分，其累计长度不宜超过一个螺纹周长。

④外形尺寸，包括螺纹中径及丝头长度应满足产品设计要求。

⑤钢筋丝头检验合格后应尽快套上连接套筒或塑料保护帽保护，并应按规格分类堆放整齐。

标准型丝头和加长丝头型丝头加工长度的参考资料见表3-1-9和表 3-1-10。丝头长度偏差一般不宜超过＋1P。

**标准型丝头和加长丝头型丝头加工长度参考资料表**　表 3-1-9

| 钢筋直径（mm） | $\phi16$ | $\phi18$ | $\phi20$ | $\phi22$ | $\phi25$ | $\phi28$ | $\phi32$ | $\phi36$ | $\phi40$ |
|---|---|---|---|---|---|---|---|---|---|
| 标准型丝头长度（mm） | 16 | 18 | 20 | 22 | 25 | 28 | 32 | 36 | 40 |
| 加长型丝头长度（mm） | 41 | 45 | 49 | 53 | 61 | 67 | 75 | 85 | 93 |

注：摘自建硕钢筋连接工程有限公司工法。

标准型丝头加工参考资料表　　　　表 3-1-10

| 钢筋直径（mm） | $\phi20$ | $\phi22$ | $\phi25$ | $\phi28$ | $\phi32$ | $\phi36$ | $\phi40$ |
|---|---|---|---|---|---|---|---|
| 标准型丝头规格 | M24×2.5 | M26×2.5 | M29×2.5 | M32×3 | M36×3 | M40×3 | M44×3 |
| 标准型丝头长度（mm） | 28 | 30 | 33 | 35 | 40 | 44 | 48 |

注：摘自北京市北新施工技术研究所产品图册。

3）套筒

①套筒内螺纹的公差带应符合《普通螺纹　公差》（GB 17197—2003）的要求，螺纹精度可选用6H；

②套筒材料、尺寸、螺纹规格及精度等级应符合产品设计图纸的要求。

③套筒表面无裂纹和其他缺陷，并应进行防锈处理。

④套筒端部应加塑料保护塞。

连接套筒的加工参考资料如下（摘自北京市北新施工技术研究所产品图册）：其中标准型套筒见表 3-1-11、正反丝头型套筒见表 3-1-12、异径型套筒见表 3-1-13。

标准型套筒加工参考资料表　　　　表 3-1-11

| 简　　图 | 型号与标记 | M$d$×$t$ | $D$（mm） | $L$（mm） |
|---|---|---|---|---|
| | A20S-G | 24×2.5 | 36 | 50 |
|  | A22S-G | 26×2.5 | 40 | 55 |
|  | A25S-G | 29×2.5 | 43 | 60 |
|  | A28S-G | 32×3 | 46 | 65 |
|  | A32S-G | 36×3 | 52 | 72 |
|  | A36S-G | 40×3 | 58 | 80 |
|  | A40S-G | 44×3 | 65 | 90 |

正反丝头型套筒加工参考资料表　　　　表 3-1-12

| 简　图 | 型号与标记 | 右 $Md \times t$ | 左 $Md \times t$ | $D$(mm) | $L$(mm) | $l$(mm) | $b$(mm) |
|---|---|---|---|---|---|---|---|
| | A20SLR-G | 24×2.5 | 24×2.5 | 38 | 56 | 24 | 8 |
| | A22SLR-G | 26×2.5 | 26×2.5 | 42 | 60 | 26 | 8 |
| | A25SLR-G | 29×2.5 | 29×2.5 | 45 | 66 | 29 | 8 |
| | A28SLR-G | 32×3 | 32×3 | 48 | 72 | 31 | 10 |
| | A32SLR-G | 36×3 | 36×3 | 54 | 80 | 35 | 10 |
| | A36SLR-G | 40×3 | 40×3 | 60 | 86 | 38 | 10 |
| | A40SLR-G | 44×3 | 44×3 | 67 | 96 | 43 | 10 |

异径型套筒加工参考资料表　　　　表 3-1-13

| 简　图 | 型号与标记 | $Md_1 \times t$ | $Md_2 \times t$ | $b$(mm) | $D$(mm) | $l$(mm) | $L$(mm) |
|---|---|---|---|---|---|---|---|
| | AS20-22 | M26×2.5 | M24×2.5 | 5 | $\phi42$ | 26 | 57 |
| | AS22-25 | M29×2.5 | M26×2.5 | 5 | $\phi45$ | 29 | 63 |
| | AS25-28 | M32×3 | M29×2.5 | 5 | $\phi48$ | 31 | 67 |
| | AS28-32 | M36×3 | M32×3 | 6 | $\phi54$ | 35 | 76 |
| | AS32-36 | M40×3 | M36×3 | 6 | $\phi60$ | 38 | 82 |
| | AS36-40 | M44×3 | M40×3 | 6 | $\phi67$ | 43 | 92 |

（4）外观质量要求

1）丝头

①牙形饱满，牙顶宽超过 0.6mm，秃牙部分累计长度不应超过一个螺纹周长；

②外形尺寸（包括螺纹直径及丝头长度等）应满足产品设计要求；

③检验合格的丝头应加塑料保护帽。

2）套筒

①表面无裂纹及其他缺陷；

②外形尺寸（包括套筒内螺纹直径及套筒长度等）应满足产品设计要求；

③检验合格的套筒两端应加塑料保护塞。

3）接头

①接头拼接时，应使两个丝头在套筒中央位置且相互顶紧；

②拼接完成后，套筒每端不得有一扣以上的完整丝扣外露，以检查进入套筒的丝头长度。加长型接头的外露丝扣数不受限制，但应另有明显标记。

9. 接头组装质量要求

（1）接头拼接时用管钳扳手拧紧，宜使两个丝头在套筒中央位置相互顶紧。

（2）各种直径钢筋连接组装后应用扭力扳手校核，扭紧力矩值应符合表 3-1-14 的规定。

接头组装时的最小扭矩值 表 3-1-14

| 钢筋直径（mm） | ≤16 | 18～20 | 22～25 | 28～32 | 36～40 |
|---|---|---|---|---|---|
| 最小扭矩（N·m） | 100 | 180 | 240 | 300 | 360 |

（3）组装完成后，套筒每端不宜有一扣以上的完整丝扣外露，加长丝头型接头、扩口型及加锁母型接头的外露丝扣数不受限制，但应另有明显标记，以便检查进入套筒的丝头长度是否满足要求。

10. 质量检验

（1）试验方法

1）型式检验的加载制度

钢筋接头的高应力反复拉压、大变形反复拉压试验，应采用带液压夹具并能自动记录应力应变全过程的试验机进行。

接头型式检验的试验方法应按表 3-1-15 及图 3-1-8 所示的加载制度进行。

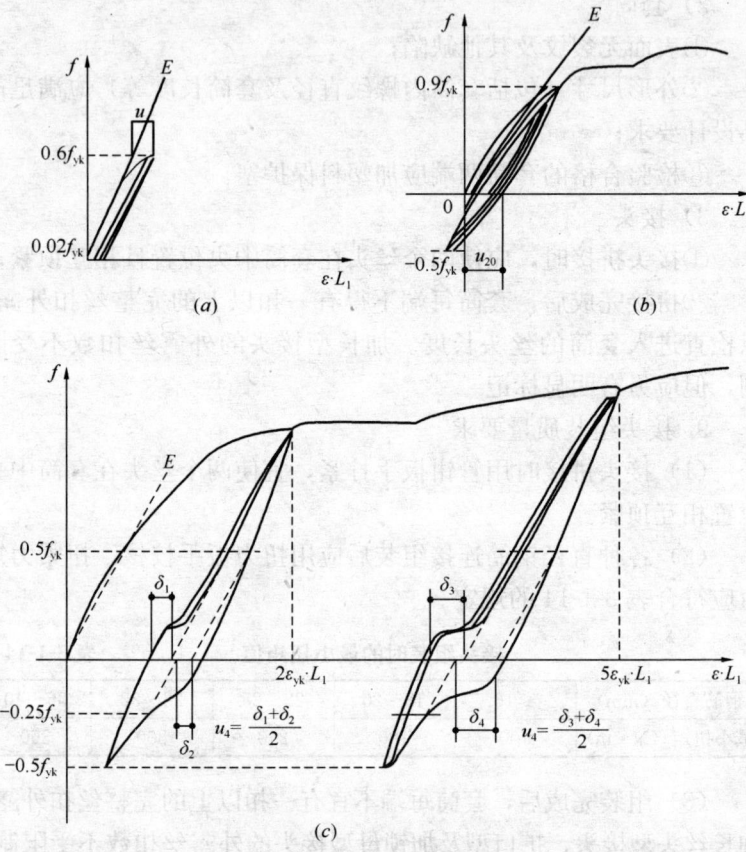

图 3-1-8 接头型式检验加载制度图

（a）单向拉伸加载制度；（b）高应力反复拉压加载制度；（c）大变形反复拉压加载制度

注：1. E 线表示钢筋弹性模量 $2 \times 10^5$ N/mm²。

2. $\delta_1$ 为 $2\varepsilon_{yk}$ 反复加载四次后，在加载应力水平为 $0.5 f_{yk}$ 及反向卸载应力水平为 $-0.25 f_{yk}$ 处作 E 的平行线与横坐标交点之间的距离所代表的变形值。

3. $\delta_2$ 为 $2\varepsilon_{yk}$ 反复加载四次后，在卸载应力水平为 $0.5 f_{yk}$ 及反向加载应力水平为 $-0.25 f_{yk}$ 处作 E 的平行线与横坐标交点之间的距离所代表的变形值。

4. $\delta_3$、$\delta_4$ 为在 $5\varepsilon_{yk}$ 反复加载四次后，按与 $\delta_1$、$\delta_2$ 相同方法所得的变形值。

**接头试件型式检验的加载制度**　　　　　　表 3-1-15

| 试验项目 | | 加 载 制 度 |
|---|---|---|
| 单向拉伸 | | $0 \rightarrow 0.6f_{yk} \rightarrow 0.02f_{yk} \rightarrow 0.6f_{yk} \rightarrow 0.02f_{yk} \rightarrow 0.6f_{yk}$ <br> （测量非弹性变形）→最大拉力（测定总伸长率）→破坏 |
| 高应力<br>反复拉压 | | $0 \rightarrow (0.9f_{yk} \rightleftharpoons 0.5f_{yk}) \rightarrow$ 破坏 <br> （反复 20 次） |
| 大变形<br>反复拉压 | Ⅰ级 | $0 \rightarrow (2\varepsilon_{yk} \rightleftharpoons 0.5f_{yk}) \rightarrow (5\varepsilon_{yk} \rightleftharpoons -0.5f_{yk}) \rightarrow$ 破坏 |
| | Ⅱ级 | （反复 4 次）　　　　（反复 4 次） |

表中　$f_{yk}$—钢筋屈服强度标准值；

　　　$\varepsilon_{yk}$—钢筋在屈服强度标准值下的应变。

接头现场单向拉伸试验可采用零到破坏的一次加载制。

2）型式检验的接头试件尺寸

型式检验的接头试件尺寸见图 3-1-9，其接头试件型式检验等应符合表 3-1-16 的要求。

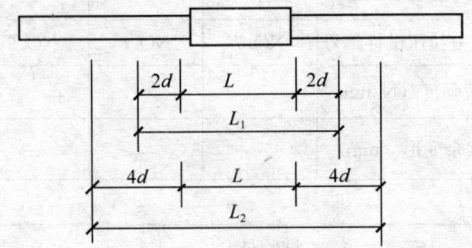

图 3-1-9　接头试件变形测量标距

$L_1$—非弹性变形、残余变形测量标距；$L_2$—总伸长率测量标距；

$L$—机械接头长度；$d$—钢筋公称直径

3）施工现场单向拉伸强度试验

施工现场仅对接头试件进行单向拉伸强度试验，试验按《金属材料室温拉伸试验方法》（GB/T 228—2002）进行。

（2）检验规则

1）检验分类

接头性能检验分为型式检验和施工现场检验两类。

套筒检验为出厂检验；丝头检验为加工现场检验。

接头试件型式检验报告 表 3-1-16

| 接头名称 | | 送检数量 | | 送检日期 | | |
|---|---|---|---|---|---|---|
| 送检单位 | | | | 设计接头等级 | Ⅰ级 Ⅱ级 | |
| 接头基本参数 | 连接件示意图 | | | 钢筋级别 | HRB335 HRB400 | |
| | | | | 连接件材料 | | |
| | | | | 连接工艺参数 | | |
| | 钢筋母材编号 | NO. 1 | NO. 2 | NO. 3 | 要求指标 | |
| | 钢筋直径（mm） | | | | | |
| | 屈服强度（N/mm²） | | | | | |
| | 抗拉强度（N/mm²） | | | | | |
| 试验结果 | 单向拉伸试件编号 | NO. 1 | NO. 2 | NO. 3 | | |
| | 单向拉伸 | 抗拉强度（N/mm²） | | | | |
| | | 非弹性变形（mm） | | | | |
| | | 总伸长率 | | | | |
| | 高应力反复拉压试件编号 | NO. 4 | NO. 5 | NO. 6 | | |
| | 高应力反复拉压 | 抗拉强度（N/mm²） | | | | |
| | | 残余变形（mm） | | | | |
| | 大变形反复拉压试件编号 | NO. 7 | NO. 8 | NO. 9 | | |
| | 大变形反复拉压 | 抗拉强度（N/mm²） | | | | |
| | | 残余变形（mm） | | | | |
| 评定结论 | | | | | | |

负责人：　　　　校核：　　　　试验员：

试验日期：　　年　　月　　日　　试验单位：

注：接头试件基本参数应详细记载。套筒挤压接头应包括套筒长度、外径、内径、挤压道次、压痕总宽度、压痕平均直径、挤压后套筒长度；螺纹接头应包括连接套长度、外径、螺纹规格、牙形角、镦粗直螺纹过渡段坡度、锥螺纹锥度、安装时拧紧力矩等。

2）接头的型式检验

①在下列情况下需进行型式检验：

a. 接头产品需鉴定确定其性能等级时；

b. 材料、工艺及规格进行改动时；

c. 质量监督部门提出专门要求时。

②型式检验的内容与性能指标见表 3-1-1 和表 3-1-2 中Ⅰ、Ⅱ两个性能等级。

③对每种级别、规格、材料和工艺的机械连接接头，其型式检验的试件不应少于 9 个；其中单向拉伸试件不应少于 3 个，高应力反复拉压试件不应少于 3 个，大变形反复拉压试件不应少于 3 个。同时应取钢筋母材试件做抗拉强度试验。全部试件均应在同一根钢筋上截取。

④型式检验的加载制度，应按表 3-1-15 和图 3-1-8 的规定进行，其合格条件为：

a. 强度检验：每个试件的实测值均应符合表 3-1-1 中Ⅰ、Ⅱ两个性能等级规定的检验指标；

b. 变形的检验：对非弹性变形、最大力下的总伸长率和残余变形，3 个试件的实测平均值均应符合表 3-1-2 规定的检验指标。

⑤型式检验应由国家和省、部级主管部门认可的检测机构进行，并应出具试验报告和评定结论。

3）接头的施工现场检验

①技术提供单位应向使用单位提供有效的型式检验报告。

②钢筋连接工程开始前及施工过程中，应对每批进场钢筋进行接头工艺试验，工艺试验应符合下列要求：

a. 每种规格钢筋的接头试件不应少于 3 个；

b. 钢筋母材的抗拉强度试件不少于 3 个，且应取自接头试件同一根钢筋；

c. 3 个接头试件的抗拉强度均应符合表 3-1-1 的强度要求。对Ⅰ级接头，当应用表 3-1-1 中 $f_{mst}^0 \geqslant 1.10 f_{uk}$ 条件时，钢筋接头试件实际抗拉强度 $f_{mst}^0$ 尚不应小于钢筋母材抗拉强度实测值的 0.95 倍；对Ⅱ级接头，尚不应小于 0.9 倍。

③接头的现场检验按验收批进行。同一施工条件下采用同一批材料的同等级、同规格接头，以 500 个为一个验收批进行检验与验收，不足 500 个也作为一个验收批。

④对接头的每一验收批，应在工程结构中随机抽取 10% 检

验其拧紧力矩。抽检合格率不应小于 95％，否则应加倍抽检；复检合格率仍小于 95％时，应对该批全部接头重新拧紧，直至抽检合格为止。

⑤对接头的每一个验收批，必须在工程结构中随机截取 3 个试件做抗拉强度试验，按设计要求的接头等级进行评定。当 3 个接头试件的抗拉强度均符合表 3-1-1 中相应等级的要求时，该验收批评为合格。如有 1 个试件的强度不符合要求，应再取 6 个试件进行复检。复检中如仍有 1 个试件的强度不符合要求则该验收批评为不合格。

⑥现场检验连续 10 个验收批抽样试件抗拉强度试验一次合格率为 100％时，验收批接头数量可扩大 1 倍。

4）丝头加工现场检验

①检验项目

丝头加工的现场检验项目、检验方法及检验要求见表 3-1-17 和图 3-1-10。

丝头质量检验要求　　　　　　　　　　表 3-1-17

| 序号 | 检验项目 | 量具名称 | 检 验 要 求 |
|---|---|---|---|
| 1 | 外观质量 | 目 测 | 牙形饱满、牙顶宽度超过 0.25P（P 为螺距）的秃牙部分，其累计长度不宜超过一个螺纹周长 |
| 2 | 丝头长度 | 专用量具 | 丝头长度应满足设计要求，标准型接头的丝头长度公差为 +1P |
| 3 | 螺纹中径 | 通端螺纹环境 | 能顺利旋入螺纹并达到旋合长度 |
| | | 止端螺纹环规 | 允许环规与端部螺纹部分旋合，旋入量不应超过 3P |

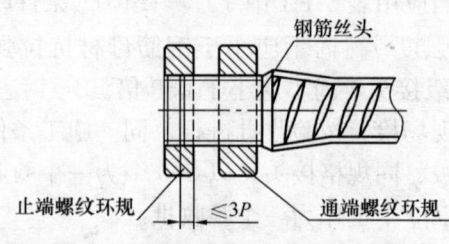

图 3-1-10　钢筋丝头质量检验示意图

②组批、抽样方法及结果判定

a. 加工人员应逐个目测检查丝头的加工质量，每加工 10 个丝头作为一批，用环规抽检一个丝头，当抽检不合格时，应用环规逐个检查该批全部 10 个丝头，剔除其中不合格丝头，并调整设备至加工的丝头合格为止。

b. 自检合格的丝头，应由质检员随机抽样进行检验，以一个工作班内生产的钢筋丝头为一个验收批，随机抽检 10％，按表 3-1-17 的方法进行钢筋丝头质量检验，其检验合格率不应小于 95％，否则应加倍抽检；复检中合格率仍小于 95％时，应对全部钢筋丝头逐个进行检验，合格者方可使用，不合格者应切去丝头，重新镦粗和加工螺纹，重新检验。

5）套筒出厂检验

①检验项目

检验项目、检验方法与要求见表 3-1-18 和图 3-1-11。

表 3-1-18

**套筒出厂检验项目表**

| 序号 | 检验项目 | 量具名称 | 检验要求 |
|------|----------|----------|----------|
| 1 | 外观质量 | 目测 | 无裂纹或其他肉眼可见缺陷 |
| 2 | 外形尺寸 | 游标卡尺或专用量具 | 长度及外径尺寸符合设计要求 |
| 3 | 螺纹小径 | 光面塞规 | 通端量规应能通过螺纹的小径，而止端量规则不应通过螺纹小径 |
| 4 | 螺纹中径 | 通端螺纹塞规 | 能顺利旋入连接套筒两端并达到旋合长度 |
| | | 止端螺纹塞规 | 塞规不能通过套筒内螺纹，但允许从套筒两端部分旋合，旋入量不应超过 $3P$（$P$ 为螺距） |

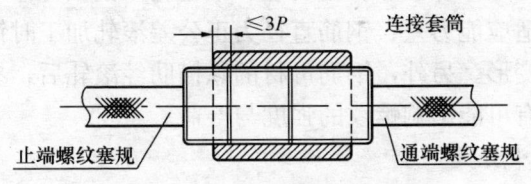

图 3-1-11 套筒质量检验示意图

②组批、抽样方法及结果判定

a. 以 500 个套筒为一个验收批，每批按 10％抽检；

b. 当检验结果符合表 3-1-18 要求时，应判为合格。否则判为不合格；

c. 抽检合格率不应小于 95％；当抽检合格率小于 95％时，应另取双倍数量套筒重做检验。当双倍抽检后的合格率不小于 95％时，应判该批套筒为合格。若仍小于 95％时，则该批套筒应逐个检验，合格者方可使用。

# 3.2 直接滚轧（压）直螺纹钢筋连接技术

直接滚轧（又称为滚压）直螺纹钢筋连接接头是将钢筋连接端头采用专用滚轧设备和工艺，通过滚丝轮直接将钢筋端头滚轧成直螺纹，并用相应的连接套筒将两根待接钢筋连接成一体的钢筋接头。

在钢筋待接端头直接滚轧加工过程中，由于滚丝轮的滚轧作用，使钢筋端部产生塑性变形，根据冷作硬化的原理，滚轧变形后的钢筋端头可比钢筋母材抗拉面积增加 2.5％，抗拉强度可提高 6％～8％，从而可使滚轧直螺纹钢筋接头部位的强度大于钢筋母材的实测极限强度。

这种接头的优点：设备投资少、螺纹加工简单（一次装卡即可直接完成滚轧直螺纹的加工）、接头强度高、连接速度快、生产效率高、现场施工方便、适应性强等。

不足之处：螺纹加工精度差、滚丝轮磨损快寿命短、对钢筋直径公差适应能力差、钢筋直径为正公差滚轧加工时钢筋端部易产生扭转变形。另外，钢筋母材的纵横肋经滚轧后，易出现两层皮现象，有可能影响螺纹的强度与寿命。

1. 接头分类

（1）按钢筋强度分类，见表 3-2-1。

**接头按钢筋强度分类表**  表 3-2-1

| 序号 | 接头钢筋强度级别 | 代号 |
|------|----------------|------|
| 1 | HRB 335 | Φ |
| 2 | HRB 400 | Φ |
|   | RRB 400 | ΦR |

（2）按连接套筒使用条件分类，见表 3-2-2 及图 3-1-1。

**接头按套筒的基本使用条件分类表**  表 3-2-2

| 序号 | 使 用 要 求 | 套筒形式 | 代号 |
|------|-----------|---------|------|
| 1 | 正常情况下钢筋连接 | 标准型 | 省略 |
| 2 | 用于两端钢筋均不能转动的场合 | 正反丝扣型 | F |
| 3 | 用于不同直径的钢筋连接 | 异径型 | Y |
| 4 | 用于较难对中的钢筋连接 | 扩口型 | K |
| 5 | 钢筋完全不能转动，通过转动连接套筒连接钢筋，用锁母锁紧套筒 | 加锁母型 | S |

## 2. 适用范围

适用于钢筋混凝土结构中直径 16～40mm 的 HRB335、HRB400 级钢筋连接。其接头性能可达到现行国家行业标准《钢筋机械连接通用技术规程》（JGJ 107—2003）的标准。

## 3. 材料要求

（1）钢筋

应符合现行国家标准《钢筋混凝土用钢第 2 部分：热轧带肋钢筋》（GB 1499.2—2007）的规定。

（2）套筒与锁母

应选用优质碳素钢或低合金结构钢，供货单位应提供质量保证书。同时，应符合国家标准《优质碳素结构钢》（GB 699—88）、《低合金高强度结构钢》（GB/T 1591—1994）及国家行业标准《钢筋机械连接通用技术规程》（JGJ 107—2003）的相应规定。

**4. 技术性能**

（1）直接滚轧直螺纹钢筋接头的技术性能应满足《钢筋机械连接通用技术规程》（JGJ 107—2003）性能等级标准，并具有高延性及反复拉压性能。其接头的抗拉强度和变形性能指标见表3-1-1和表3-1-2。

（2）直接滚轧直螺纹钢筋接头用于直接承受动力荷载的结构时，尚应满足设计要求的抗疲劳性能。

**5. 使用要求**

（1）丝头

1）标准型接头的丝头，其长度应为1/2套筒长度，公差为$1P$（$P$为螺距），以保证套筒在接头处于居中位置。

2）加长型接头的丝头，其长度应大于套筒长度，以满足只需转动套筒即可进行钢筋连接的要求。

（2）套筒

1）标准型套筒应便于正常情况下的钢筋连接。

2）变径型套筒应满足不同直径钢筋的连接。

3）扩口型套筒应满足较难对中工况下的钢筋连接。

**6. 机具**

（1）直螺纹滚轧机

采用专用滚轧机床对钢筋端部进行滚压，一次装卡即可完成滚轧直螺纹的加工。直螺纹滚轧机性能见表3-2-3。

直接滚轧直螺纹机性能表　　　　表3-2-3

| 型　　号 | BX-1 | CJGS I | CABR GHG |
|---|---|---|---|
| 钢筋直径（mm） | 16～40 | 16～40 | 16～40 |
| 效率（个/班） | 300 | 500 | 300～400 |
| 功率（kW） | 3 | 4 | 3 |

注：1. BX-1和CJGS 1滚丝机资料由北京市北新施工技术研究所提供；

2. CABR GHG滚丝机资料由建硕钢筋连接工程有限公司提供。

（2）检验工具

1）环规：丝头质量检验工具。分为止端螺纹环规和通端螺纹环规两种（图 3-1-3）。

2）塞规：套筒质量检验工具。分为止端螺纹塞规和通端螺纹塞规两种（图 3-1-4）。

3）卡尺等。

7. 工艺要点

（1）工艺流程

　　　　　　　　　　　　　　　　　　　　　加保护帽

钢筋端部平头→直接滚轧直螺纹→螺纹检验→→→→→

　　　　　　　　　　　　加保护塞

套筒加工→螺纹检验→→→→→现场接头连接←←←

　　　　　　　　　　　　　　　　　　↓

　　　　　　　　　　　　　　　接头检验

　　　　　　　　　　　　　　　　　　↓

　　　　　　　　　　　　　　　　完成

（2）制造工艺要求

1）钢筋丝头加工

①钢筋端部不得有弯曲，出现弯曲时应调直后再进行加工；

②钢筋下料时宜用砂轮锯等机具，不得用电焊、气割等切断。钢筋端面宜平整并与钢筋轴线垂直，不得有马蹄形或扭曲；

③钢筋规格应与滚丝器调整一致，螺纹滚轧的长度应满足设计要求；

④钢筋直螺纹滚轧加工时，应使用水溶性切削润滑液，不得使用油性润滑切削液，也不得在没有切削润滑液的情况下进行加工；

⑤丝头中径、牙型角及丝头有效螺纹长度应符合设计规定。丝头螺纹尺寸宜按《普通螺纹 基本尺寸》（GB/T 196—2003）标准确定；有效螺纹中径尺寸公差应满足《普通螺纹 公差》（GB/T197—2003）标准中 6F 级精度规定的要求；

⑥丝头有效螺纹中径的圆柱度（每个螺纹的中径）误差不得超过 0.20mm；

⑦标准型接头丝头有效螺纹长度应不小于 1/2 连接套筒长度，其他连接形式应符合产品设计要求；

⑧钢筋丝头加工自检完毕后，应立即套上保护帽或拧上连接套筒，防止损坏丝头。

2）套筒加工

①套筒应按照产品设计图纸要求在工厂加工制造，其材质、螺纹规格及加工精度应满足设计要求并按规定进行生产检验；

②套筒的内螺纹尺寸宜按《普通螺纹 基本尺寸》标准确定，螺纹中径公差应满足《普通螺纹 公差》标准中 6H 级精度要求；

③套筒加工完成后，应立即用防护盖将两端封严，防止套筒内进入杂物。其表面必须标注规格、生产车间和日期代号、批号；

④套筒严禁有裂纹，并应做防锈处理，装箱前应盖好防护塞；

⑤套筒出厂时应有产品合格证。

3）钢筋丝头加工参考资料

①钢筋同径连接丝头加工参考资料见表 3-2-4。

②钢筋同径正反扣直螺纹丝头加工参考资料见表 3-2-5。

③直接滚轧直螺纹加工参考数据见表 3-2-6。

4）套筒加工参考资料

①同径直螺纹套筒加工参考数据见表 3-2-7。

②同径正反扣直螺纹套筒加工参考数据见表 3-2-8。

5）钢筋连接施工

①进行钢筋连接时，钢筋丝头规格应与套筒规格一致，且丝扣完好无损、无污物；

②钢筋连接时，必须采用长度不小于 400mm 的管钳扳手拧紧，使两钢筋丝头在套筒中央位置相互顶紧，当采用加锁母型套筒时应用锁母锁紧，并用油漆加以标记；

**同径丝头加工参考资料表**

表 3-2-4

| | A20R-J | A22R-J | A25R-J | A28R-J | A32R-J | A36R-J | A40R-J |
|---|---|---|---|---|---|---|---|
| $\phi$ (mm) | 20 | 22 | 25 | 28 | 32 | 36 | 40 |
| $M \times t$ (mm) | 19.6×3 | 21.6×3 | 24.6×3 | 27.6×3 | 31.6×3 | 35.6×3 | 39.6×3 |
| $L$ (mm) | 30 | 32 | 35 | 38 | 42 | 46 | 50 |

| 简 图 | |
|---|---|
| | |

**正反扣丝头加工参考资料表**

表 3-2-5

| 代 号 | $\phi$ (mm) | $M \times t$ (左) (mm) | $M \times t$ (右) (mm) | $L$ (mm) |
|---|---|---|---|---|
| A20RLR-G | 20 | 19.6×3 | 19.6×3 | 34 |
| A22RLR-G | 22 | 21.6×3 | 21.6×3 | 36 |
| A25RLR-G | 25 | 24.6×3 | 24.6×3 | 39 |
| A28RLR-G | 28 | 27.6×3 | 27.6×3 | 42 |
| A32RLR-G | 32 | 31.6×3 | 31.6×3 | 46 |
| A36RLR-G | 36 | 35.6×3 | 35.6×3 | 50 |
| A40RLR-G | 40 | 39.6×3 | 39.6×3 | 54 |

| 简 图 | |
|---|---|
| | |

97

## 直接滚轧直螺纹加工参考数据表 (mm)

表 3-2-6

| 简 图 | | φ20 | φ22 | φ25 | φ28 | φ32 | φ36 | φ40 |
|---|---|---|---|---|---|---|---|---|
| | 大径 | 19.6 | 21.6 | 24.6 | 27.6 | 31.6 | 35.6 | 39.6 |
| | 中径 | 18.623 | 20.623 | 23.623 | 26.623 | 30.623 | 34.623 | 38.623 |
| | 小径 | 17.2 | 19.2 | 22.2 | 25.2 | 29.2 | 33.2 | 37.2 |

## 同径直螺纹套筒加工参考数据表

表 3-2-7

| 简 图 | | A20R-G | A22R-G | A25R-G | A28R-G | A32R-G | A36R-G | A40R-G |
|---|---|---|---|---|---|---|---|---|
| | $D$ (mm) | 30±0.5 | 32±0.5 | 38±0.5 | 42±0.5 | 48±0.5 | 54±0.5 | 59±0.5 |
| | $M×t$ (mm) | 19.6×3 | 21.6×3 | 24.6×3 | 27.6×3 | 31.6×3 | 35.6×3 | 39.6×3 |
| | $L$ (mm) | 44 | 48 | 54 | 60 | 68 | 76 | 84 |

同径正反扣直螺纹套筒加工参考参数数据表　　表 3-2-8

| 代　号 | $D$ (mm) | $d$ (mm) | $M \times t$（左、右）(mm) | $L_1$ (mm) | $L_2$ (mm) | $L_3$ (mm) | 简　图 |
|---|---|---|---|---|---|---|---|
| A20RLR-G | 32 | 21 | 19.6×3 | 49 | 20 | 9 | |
| A22RLR-G | 35 | 23 | 21.6×3 | 53 | 22 | 9 | |
| A25RLR-G | 41 | 26 | 24.6×3 | 59 | 25 | 9 | |
| A28RLR-G | 45 | 29 | 27.6×3 | 65 | 28 | 9 | |
| A32RLR-G | 51 | 33 | 31.6×3 | 73 | 32 | 9 | |
| A36RLR-G | 57 | 37 | 35.6×3 | 81 | 36 | 9 | |
| A40RLR-G | 62 | 41 | 39.6×3 | 89 | 40 | 9 | |

注：摘自北京市北新施工技术研究所产品图册。

③标准型接头连接后，套筒两端外露完整丝扣不得超过 2 扣，加长型丝头的外露丝扣不受限制；

④钢筋接头拧紧后应用力矩扳手按不小于表 3-2-9 中的拧紧力矩值检查，并加以标记。

**滚轧直螺纹钢筋接头拧紧力矩值** 表 3-2-9

| 钢筋直径（mm） | ≤16 | 18～20 | 22～25 | 28～32 | 36～40 |
|---|---|---|---|---|---|
| 拧紧力矩值（N·m） | 80 | 160 | 230 | 300 | 360 |

注：当不同直径的钢筋连接时，拧紧力矩值按较小直径钢筋的相应值取用。

（3）质量要求

1）钢筋丝头

①钢筋丝头的长度、中径、牙型角和有效丝扣数量等必须符合设计要求；

②丝头的大径低于螺纹中径的不完整丝扣的累计长度，不得超过两个螺纹周长；

③丝头有效螺纹中径的圆柱度不得超过 0.2mm；

④钢筋丝头表面不得有严重的锈蚀及破损。

2）连接套筒

①套筒的长度、直径和内螺纹等必须符合设计要求；

②套筒的外观不得有裂纹，内螺纹及外表面不得有严重的锈蚀及破损。

3）钢筋连接接头

钢筋连接完毕后，标准型接头连接套筒外应有外露有效螺纹，且连接套筒单边外露有效螺纹不得超过 2P，其他连接形式应符合产品设计要求。钢筋连接完毕后，拧紧力矩值应符合表 3-2-9 的要求。

8. 质量检验

（1）试验方法

在对钢筋接头进行检验前，应对钢筋母材进行力学性能检验，试验方法按《金属拉伸实验方法》（GB 228—87）标准中有关条款执行。

（2）检验类别

钢筋接头的性能检验分为两类：型式检验和施工现场检验。施工现场检验分为两种：钢筋丝头检验和钢筋接头检验。套筒检验为出厂检验。

（3）型式检验

1）在下列情况下应进行钢筋接头的型式检验：

①接头产品需鉴定确定其性能等级时；

②材料、工艺、规格进行改动时；

③停产一年以上时；

④质量监督部门提出专门要求时。

2）对每种形式、规格、材料、工艺的接头，型式检验试件不应少于 12 个；其中单向拉伸试件不应少于 6 个，高应力反复拉压试件不得少于 3 个，大变形反复拉压试件不得少于 3 个，同时，尚应取 3 根同批、同规格钢筋母材试件做力学性能试验。

3）型式检验的加载方法按《钢筋机械连接通用技术规程》（JGJ 107—2003）的要求进行（见表 3-1-15 及图 3-1-8）。接头的性能必须全部符合规程中接头性能要求。

4）型式检验应由国家、省部级主管部门认可的质量检验部门进行，并出具试验报告和评定结论。

（4）套筒的出厂检验

1）检验项目

①外观质量检验：套筒的外径、长度及相关尺寸应符合设计要求，套筒表面应无裂纹和其他肉眼可见的缺陷。

②螺纹检验：用专用的螺纹塞规进行检验：通规应能顺利旋入；止规允许旋入长度不得超过 $3P$（图 3-1-4）。

2）检验方法及结果评定

①对套筒的外观质量检验应逐个进行；

②内螺纹尺寸的检验按连续生产的同规格套筒每 500 个为一

个检验批，每批按 10％随机抽检，不足 500 个时也按 10％随机抽检；

③检验方法采用螺纹塞规的通规和止规（图 3-1-4），满足要求者为合格品，否则为不合格品；

④抽检合格率应不小于 95％。当抽检合格率小于 95％时，应另取同样数量的产品重新检验。当两次检验的总合格率不小于 95％时，应判该验收批合格。若合格率仍小于 95％时，则应对该检验批套筒进行逐个检验，合格者方可使用。

（5）丝头的施工现场检验

1）检验项目

①外观检验：不完整齿（螺纹齿顶宽度超过 $0.3P$）的累计长度不超过 2 个螺纹周长。

②螺纹检验：用专用的螺纹环规进行检验：通规应能顺利旋入，并能达到钢筋丝头的有效长度；止规旋入长度不得超过 $3P$（图 3-1-3）。

2）检验结果评定

①丝头应逐个进行自检，出现不合格丝头时，应切去重新加工；

②自检合格的丝头，应由质检员随机抽样进行检验。以一个工作班加工的丝头为一个验收批，随机抽检 10％，且不得少于 10 个。当合格率小于 95％时，应另抽取同样数量的丝头重新检验。当两次检验的总合格率仍小于 95％时，应对全部丝头逐个进行检验，合格者方可使用。丝头检验记录的填写内容见表3-2-10。

（6）钢筋连接接头外观质量及拧紧力矩试验

1）钢筋连接接头的外观质量及拧紧力矩应符合"7. 工艺要点"（3）中的 3）及表 3-2-9 的要求。

2）钢筋连接接头的外观质量在施工时应逐个自检，不符合要求的钢筋连接接头应及时调整或采取其他有效的连接措施。

3）外观质量自检合格的钢筋连接接头，应由现场质检员随机抽样进行检验。同一施工条件下采用同一材料的同等级同型式同规格接头，以连续生产的 500 个为一个检验批进行检验和验收，不足 500 个的也按一个检验批计算。

4) 对每一检验批的钢筋连接接头，于正在施工的工程结构中随机抽取 15%。且不少于 75 个接头。检验其外观质量及拧紧力矩。

5) 现场钢筋连接接头的抽检合格率不应小于 95%。当抽检合格率小于 95% 时，应另抽取同样数量的接头重新检验。当两次检验的总合格率不小于 95% 时，该批接头合格。若合格率仍小于 95% 时，则应对全部接头进行逐个检验。在检验出的不合格接头中，抽取 3 根接头进行抗拉强度检验，3 根接头抗拉强度试验的结果全部符合《钢筋机械连接通用技术规程》（JGJ 107—2003）的有关规定时，该批接头外观质量可以验收。

(7) 钢筋连接接头力学性能检验

1) 现场施工前，应按《钢筋机械连接通用技术规程》（JGJ 107—2003)的规定进行接头工艺检验。滚轧直螺纹钢筋连接技术的提供单位应向使用单位提交有效的型式检验报告。

2) 钢筋连接接头的现场检验按检验批进行。同一施工条件下采用同一材料的同等级同型式同规格接头，以连续生产的 500 个为一个检验批进行检验和验收，不足 500 个的也按一个检验批计算。

3) 对每一检验批接头，应于正在施工的工程结构中随机截取试件，并按《钢筋机械连接通用技术规程》（JGJ 107—2003）的有关规定检验。

4) 钢筋连接接头单向拉伸试验的结果应符合《钢筋机械连接通用技术规程》（JGJ 107—2003）的有关规定。

5) 在现场连续检验 10 个检验批，当其全部单向拉伸试件均一次抽样合格时，检验批接头数量可扩大为 1000 个。

现场钢筋接头加工质量和连接质量记录填写内容分别见表 3-2-10 和表 3-2-11。

## 现场钢筋丝头加工质量检验记录表　　表 3-2-10

| 工程名称 | | 钢筋规格 | | 抽检数量 | |
|---|---|---|---|---|---|
| 工程部位 | | 生产班次 | | 代表数量 | |
| 提供单位 | | 生产日期 | | 接头类型 | |

检 验 结 果

| 序号 | 钢筋直径 | 丝头螺纹检验 | | 丝头外观检验 | | | 备注 |
|---|---|---|---|---|---|---|---|
| | | 环通规 | 环止规 | 有效螺纹长度 | 不完整螺纹 | 外观检查 | |
| | | | | | | | |
| | | | | | | | |
| | | | | | | | |
| | | | | | | | |
| | | | | | | | |
| | | | | | | | |
| | | | | | | | |
| | | | | | | | |
| | | | | | | | |
| | | | | | | | |
| | | | | | | | |
| | | | | | | | |
| | | | | | | | |
| | | | | | | | |
| | | | | | | | |
| | | | | | | | |
| | | | | | | | |

质检负责人：　　　　　　　　检验员：　　　　　　　　检验日期：

注：1. 螺纹尺寸检验应按《滚轧直螺纹钢筋连接接头》（JG 163—2004）中的规定，选用专用的螺纹环规检验。

　　2. 相关尺寸检验合格后，在相应的格里打"√"，不合格时打"×"，并在备注栏加以标注。

## 现场钢筋接头连接质量检验记录表　　表 3-2-11

| 工程名称 | | 钢筋规格 | | 抽检数量 | |
|---|---|---|---|---|---|
| 工程部位 | | 生产班次 | | 代表数量 | |
| 提供单位 | | 生产日期 | | 接头类型 | |

检 验 结 果

| 序　号 | 钢筋直径 | 拧紧力矩值检验 | 外露有效螺纹检验 | | 备　注 |
|---|---|---|---|---|---|
| | | | 左 | 右 | |
| | | | | | |
| | | | | | |
| | | | | | |
| | | | | | |
| | | | | | |
| | | | | | |
| | | | | | |
| | | | | | |
| | | | | | |
| | | | | | |
| | | | | | |
| | | | | | |
| | | | | | |
| | | | | | |
| | | | | | |
| | | | | | |

质检负责人：　　　　　　检验员：　　　　　　检验日期：

注：1. 拧紧力矩值检验应按《滚轧直螺纹钢筋连接接头》（JG 163—2004）中的规定进行检验。

　　2. 外露有效螺纹检验按《滚轧直螺纹钢筋连接接头》（JG 163—2004）中的规定检验。

　　3. 相关检验合格后，在相应的格里打"√"，不合格时打"×"，并在备注栏加以标注。

6) 在现场连续检验 10 个验收批，当其全部单向拉伸试件均一次抽样合格时，该验收批的接头数量可扩大为 1000 个。

钢筋接头单向拉伸试验记录填写内容见表 3-2-12。

钢筋接头单向拉伸试验记录表    表 3-2-12

| 工程名称 | | 生产日期 | | 抽检数量 | | |
|---|---|---|---|---|---|---|
| 工程部位 | | 生产班次 | | 代表数量 | | |
| 提供单位 | | 钢筋规格 | | 接头类型 | | |
| 序　号 | 钢筋直径（mm） | 公称面积（mm） | 屈服强度（MPa） | 抗拉强度（MPa） | 破坏状况 | 备　注 |
| | | | | | | |
| | | | | | | |
| | | | | | | |
| | | | | | | |
| | | | | | | |
| | | | | | | |
| | | | | | | |
| | | | | | | |

质量负责人：_____ 检验员：_____ 检验日期： 年 月 日

## 3.3 挤压肋滚轧（压）直螺纹钢筋连接技术

挤压肋滚轧（又称滚压）直螺纹钢筋连接技术，是先利用专用挤压设备，将钢筋端头待连接部位的纵肋和横肋挤压成圆柱状，然后，再利用滚丝机将圆柱状的钢筋端头滚轧成直螺纹。在钢筋端部挤压肋和滚丝加工过程中，由于局部塑性变形冷作硬化的原理，使钢筋端部强度得到提高。因此，可使钢筋接头的强度不小于钢筋母材的强度。其接头性能可达到《钢筋机械连接通用技术规程》（JGJ 107—2003）规定的标准，且具有优良的抗疲劳性能及抗低温性能。

这种连接技术的优点是：除具有直接滚轧直螺纹钢筋连接技术的各项优点外，其螺纹精度比直接滚轧也有提高，滚丝轮的寿命也可延长。不足之处是：加工螺纹时，需要两种设备和两道工序才能完成。另外，钢筋端部的纵、横肋被挤压成圆柱形的过程中，有可能形成两层皮现象。

1. 接头分类

（1）按钢筋强度级别分类，见表 3-2-1。

（2）按连接套筒使用条件分类，见表 3-2-2 及图 3-1-1。

2. 适用范围

适用于钢筋混凝土结构中直径 16～40mm 的 HRB 335、HRB 400 钢筋的连接。其接头类型见表 3-2-2 和图 3-1-1。

3. 材料要求

（1）钢筋

应符合《钢筋混凝土用钢 第 2 部分：热轧带肋钢筋》GB 1499.2—2007现行国家标准，具有产品合格证，并经抽检合格。

（2）套筒

采用 45 号钢，应符合《优质碳素结构钢》（GB 699—88）现行国家标准，并应有供货单位的质量检验合格证书。

4. 技术性能

（1）挤压肋滚轧直螺纹钢筋接头的技术性能应满足《钢筋机械连接通用技术规程》（JGJ 107—2003）性能等级中的标准，即：接头抗拉强度达到或超过钢筋母材抗拉强度标准值。其性能检验指标见表 3-2-5。

（2）挤压肋滚轧直螺纹钢筋接头用于直接承受动力荷载结构时，尚应满足设计要求的抗疲劳性能。

5. 使用要求

（1）丝头

1）标准型接头的丝头，其长度应为 1/2 套筒长度，公差为 $1P$（$P$ 为螺距），以保证套筒在接头居中位置。

2）左、右旋接头的丝头，应便于双向螺纹套筒的安装。

（2）套筒

1）标准型套筒应便于正常情况下的钢筋连接。

2）异径型套筒应满足不同直径钢筋的连接。

6. 机具设备

（1）挤压圆机

由液压泵、供油软管、回油软管、导线钳、压模等组成。

（2）滚丝机

由回转驱动器、滚丝轮、尾座及夹紧卡盘、送料机构和底座导轨等组成。其型号有：GST-1 型（功率 1.5kW）和 GST-2 型（功率 3kW）等型号。

（3）其他机具设备

砂轮切割机、直螺纹环规和塞规、外径卡规及管钳扳手等。

7. 工艺要点

（1）工艺流程

钢筋断料切头→端头压圆→外径卡规检查直径→端头压圆部
　　　分滚丝→螺纹环规检验→合格后套防护帽→
　　　　　　　　　　　　　　　　　　　　　　　↓

套筒加工→螺纹塞规检验→合格后加防护塞→现场接头连接
　　　　　　　　　　　　　　　　　　　　　　　↓

　　　　　　　　　　　　　　　　　　接头检查验收
　　　　　　　　　　　　　　　　　　　　　↓

　　　　　　　　　　　　　　　　　　　　　完成

（2）工艺要求

1）钢筋端部平头压圆

检查钢筋是否符合要求后，将钢筋用砂轮切割机切头约 5mm 左右，达到端部平整。再按钢筋直径选择相适配规格的压模，调整压合高度和定位尺寸，然后，将钢筋端头放入挤压圆机的压模腔中，调整油泵压力进行压圆操作。经压圆操作后，钢筋端头成为圆柱体。

2）滚轧直螺纹

将已压成圆柱形的钢筋端头插入滚丝机卡盘孔，夹紧钢筋。开机后，卡盘的引导部分可使钢筋沿轴向自动进给，在滚丝轮的作用下，即可完成直螺纹的滚轧加工。挤压肋滚压钢筋直螺纹见图 3-3-1。钢筋端头直螺纹参考资料见表3-3-1。

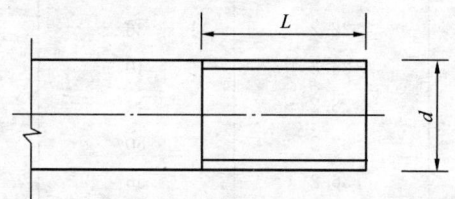

图 3-3-1 钢筋端头直螺纹示意图

**钢筋挤压肋滚轧直螺纹参考资料表** 表 3-3-1

| 钢筋直径（mm） | 18 | 20 | 22 | 25 | 28 | 32 | 36 | 40 |
|---|---|---|---|---|---|---|---|---|
| $d$（mm） | 18.2 | 20.2 | 22.2 | 25.2 | 28.2 | 32.2 | 36.2 | 40.2 |
| $L$（mm） | 29 | 31 | 33 | 35 | 37 | 41 | 45 | 49 |

注：摘自中建七局三公司、闽侯县建机厂 YJGF 25—98 工法。

3）套筒

套筒采用 45 号钢，并符合《优质碳素结构钢》（GB 699—88）中的规定。套筒加工的主要参数如：热处理状态、螺距、牙型高度、牙型角和公称直径等均应符合设计要求和有关规定，且必须有出厂合格证。标准套筒外形见图 3-3-2（a），参考尺寸见

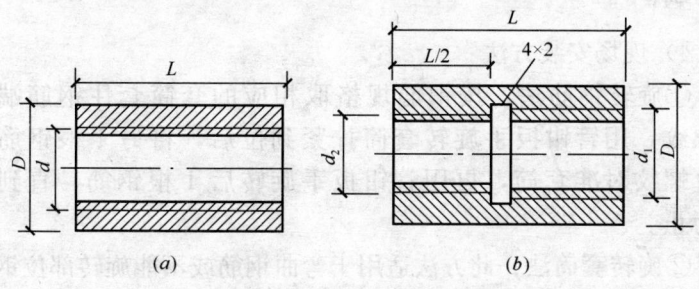

图 3-3-2 套筒外形示意图
（a）标准套筒；（b）异径套筒

表3-3-2；异径套筒外形见图 3-3-2（b），参考尺寸见表3-3-3。

**标准套筒参考尺寸表（mm）** 表 3-3-2

| 钢筋直径 | $d$ | $D\geqslant$ | $L\geqslant$ |
|---|---|---|---|
| 18 | 18.2 | 28 | 50 |
| 20 | 20.2 | 32 | 54 |
| 22 | 22.2 | 36 | 58 |
| 25 | 25.2 | 40 | 62 |
| 28 | 28.2 | 44 | 66 |
| 32 | 32.2 | 50 | 74 |
| 36 | 36.2 | 56 | 82 |
| 40 | 40.2 | 62 | 90 |

注：摘自中建七局三公司、闽侯县建机厂 YJGF 25—98 工法。

**异径套筒参考尺寸表（mm）** 表 3-3-3

| 钢筋直径 | $d_1$ | $d_2\geqslant$ | $D\geqslant$ | $L\geqslant$ |
|---|---|---|---|---|
| 20/18 | 20.2 | 18.2 | 32 | 54 |
| 22/20 | 22.2 | 20.2 | 36 | 58 |
| 25/22 | 25.2 | 22.2 | 40 | 62 |
| 28/25 | 28.2 | 25.2 | 44 | 66 |
| 32/28 | 32.2 | 28.2 | 50 | 74 |
| 36/32 | 36.2 | 32.2 | 56 | 82 |
| 40/36 | 40.2 | 36.2 | 62 | 90 |

注：同表 3-3-2。

4）现场安装方法

①旋转钢筋法：按钢筋规格取相应的套筒套住钢筋端部直螺纹，用管钳扳手旋转套筒拧紧到位后，将另 1 根钢筋端部直螺纹对准套筒，再用管钳扳手旋转后 1 根钢筋，直到拧紧为止。

②旋转套筒法：此方法适用于弯曲钢筋或不能旋转部位钢筋的连接。采用此方法时，应将两根待接钢筋的端头，先分别加工成右旋和左旋直螺纹。与之配套的连接套筒也应加工成一半右旋

和一半左旋的内直螺纹。安装时，先将套
筒右旋内螺纹一端对准钢筋右旋外螺纹一
端，并旋进1～2牙，然后，再将另1根钢
筋左旋外螺纹一端对准套筒左旋内螺纹一
端，再用管钳扳手转动套筒，两端钢筋就
会拧紧（图3-3-3）。

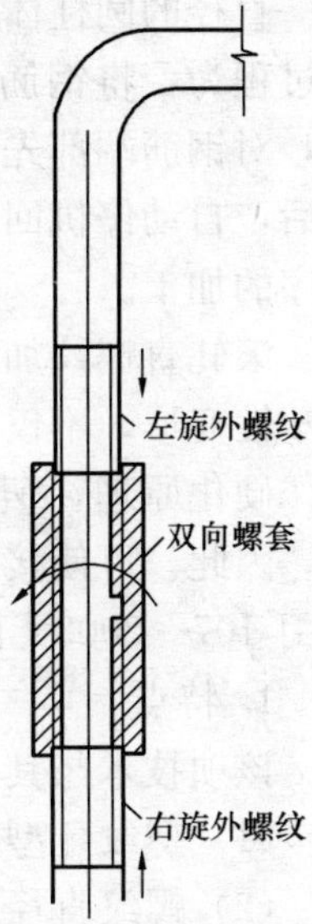

8. 质量检验

（1）质量要求

1）套筒应有出厂合格证，且不得有裂
纹、锈蚀和内螺纹缺牙等缺陷。

2）由于钢筋原材料的直径允许有一定
的正负公差，因此，钢筋端头压圆后的直
径可按负公差进行控制。

3）钢筋端头直螺纹的基本尺寸应符合
设计要求和有关规定。

4）钢筋端头直螺纹的完好率应≥
95%。如未达到此标准，应及时更换滚丝轮。

左旋外螺纹

双向螺套

右旋外螺纹

图3-3-3 旋转套筒
法示意图

5）按钢筋的直径选配不同规格的防护帽，其长度应比直螺
纹长10～20mm，一端应封闭。螺纹加工完应立即套好防护帽。

6）安装时，钢筋端头直螺纹旋入套筒后，允许外露1～
1.5牙。

（2）接头的型式检验

同镦粗直螺纹钢筋连接技术。

（3）接头的现场检验

同直接滚轧（压）直螺纹钢筋连接技术。

## 3.4 剥肋滚轧（压）直螺纹钢筋连接技术

剥肋滚轧（又称滚压）直螺纹钢筋连接技术，是利用专用剥
肋滚轧直螺纹加工设备，先将钢筋端头待接部位的纵、横肋剥成

同一直径的圆柱体，再利用同一台设备继续滚压成直螺纹。其加工过程为：将钢筋端部夹紧在专用设备的夹钳上，扳动进给装置，对钢筋端部先进行剥肋，然后，继续滚轧成直螺纹，滚轧到位后，自动停机回车，一次装卡即可完成剥肋和滚轧直螺纹两道工序的加工。

滚轧直螺纹加工过程中，在滚丝轮的作用下，使钢筋端部产生塑性变形，不仅直螺纹的外径比钢筋母材略有增大；而且根据冷作硬化原理，塑性变形后的钢筋端头，其强度比母材也有提高。因此，可使接头性能达到《钢筋机械连接通用技术规程》（JGJ 107—2003）的标准。

1. 特点

该项技术与其他滚轧直螺纹连接技术相比具有以下特点：

（1）螺纹牙型好、精度高、牙齿表面光滑。

（2）螺纹直径大小一致，连接质量稳定。

（3）滚丝轮寿命长，接头附加成本低。一组滚丝轮约可加工5000～8000 个丝头，比直接滚轧工艺寿命约可提高 8～10 倍。

（4）设备投资少，操作简单。

（5）接头通过 200 万次疲劳试验无破坏，具有优良的抗疲劳性能。

（6）抗低温性能好，在零下 40℃ 低温下试验，接头仍能达到与母材等强度连接。

该项技术由中国建筑科学研究院建筑机械化分院研制开发，于 1999 年 12 月通过建设部组织的鉴定。2000 年被建设部列为科技成果推广项目。

2. 接头分类

（1）套筒按适用的钢筋级别分类，见表 3-1-4。

（2）连接套筒分为：标准型套筒、正反丝头型套筒、异径型套筒和扩口套筒等类型（图 3-1-2）。

（3）接头按使用要求、形式及连接方法分为：标准型接头、正反丝扣型接头、异径型接头和扩口型接头等类型（图 3-2-1）。

3. 适用范围

按照行业标准《钢筋机械连接通用技术规程》（JGJ 107—2003）的要求，对 HRB 335 和 HRB 400 钢筋进行型式检验及抗疲劳试验，接头性能完全达到剥肋标准 A 级的性能要求，且具有较好的抗疲劳性能。因此，该连接技术适用于直径 16～50mm 的 HRB 335、HRB 400 钢筋在任意方向的同、异径的连接。不仅可应用于要求充分发挥钢筋强度或对接头延性要求高的混凝土结构；而且，还可应用于对疲劳性能要求高的混凝土结构，如机场、桥梁、隧道、电视塔、核电站和水电站等。

4. 材料要求

（1）用于剥肋滚轧直螺纹钢筋接头的钢筋，应符合《钢筋混凝土用钢 第 2 部分：热轧带肋钢筋》（GB 1499.2—2007）及《钢筋机械连接通用技术规程》（JGJ 107—2003）等国家现行标准的有关规定。

（2）钢筋接头所用的连接套筒，应采用优质碳素结构钢或其他经型式检验确定符合要求的钢材。

设计连接套筒时，套筒的承载力应符合式（3-4-1）、式（3-4-2）的要求。

$$f_{slyk} \cdot A_{s1} \geqslant 1.10 f_{yk} \cdot A_s \qquad (3\text{-}4\text{-}1)$$

$$f_{sltk} \cdot A_{s1} \geqslant 1.10 f_{tk} \cdot A_s \qquad (3\text{-}4\text{-}2)$$

式中　$f_{slyk}$——套筒屈服强度标准值；

$f_{sltk}$——套筒抗拉强度标准值；

$f_{yk}$——钢筋屈服强度标准值；

$f_{tk}$——钢筋抗拉强度标准值；

$A_{s1}$——套筒横截面面积；

$A_s$——钢筋横截面面积。

5. 技术性能

剥肋滚轧直螺纹接头是一种能充分发挥钢筋母材性能的等强度接头。将待接钢筋端部经剥肋滚轧成直螺纹后，其螺纹部位的表面因受滚压而使强度得到增强，因而可使接头强度高于钢筋的母材强度，其接头性能指标应达到《钢筋机械连接通用技术规程》(JGJ 107—2003) 的标准。该接头通过 200 万次疲劳试验，抗疲劳性能较好。

6. 使用要求

(1) 剥肋滚轧直螺纹接头，适用于要求充分发挥钢筋强度或对接头延性要求较高的各类混凝土结构。

(2) 滚轧直螺纹接头的混凝土保护层厚度，宜满足现行国家标准《混凝土结构设计规范》(GB 50010—2002) 中钢筋保护层最小厚度的要求，且不得小于 15mm。

(3) 受力钢筋滚轧直螺纹接头的位置应相互错开。在任一接头中心至长度为钢筋直径的 35 倍区段范围内，有接头的受力钢筋截面面积占钢筋总截面面积的百分率，应符合下列规定：

1) 受拉区的受力钢筋接头百分率不宜超过 50%。

2) 在受拉区的钢筋受力小的部位，接头百分率可不受限制。

3) 接头宜避开有抗震设防要求的框架梁端和柱端的箍筋加密区；当无法避开时，接头的百分率不应超过 50%。

4) 受压区和装配式构件中钢筋受力较小部位，接头百分率可不受限制。

(4) 当对具有钢筋接头的构件进行试验并取得可靠资料时，接头的应用范围可根据工程实际情况进行适当调整。

(5) 滚轧直螺纹接头可用于不同直径钢筋的连接。

7. 机具设备

(1) 剥肋滚轧直螺纹机

钢筋剥肋滚轧直螺纹机主要由台钳、剥肋机构、滚丝头、减速机、冷却系统、电器系统、机座和限位挡铁等组成。该设备集钢筋剥肋和滚轧直螺纹于一体，钢筋一次装卡，即可连续完成剥肋和滚轧直螺纹两道工序。该设备由中国建筑科学研究院建筑机械化研究分院和廊坊凯博新技术开发公司研制开发，

1999 年 12 月通过建设部部级鉴定并获国家专利证书，2000 年被建设部列为新技术推广项目。钢筋剥肋滚轧直螺纹机的技术参数见表 3-4-1。

钢筋剥肋滚轧直螺纹机技术参数表      表 3-4-1

| 设备型号 | CHG 50 型 | CHG 40 型 |
|---|---|---|
| 滚丝头型号 | 50 型 | 40 型 |
| 可加工钢筋范围（mm） | 直径 25～50 | 直径 16～40 |
| 整机重量（kg） | 600 | 550 |
| 设备功率（kW） | 4 | 3 |

注：摘自中国建筑科学研究院建筑机械化研究分院工法。

由中国建筑科学研究院建筑结构研究所和建硕钢筋连接工程有限公司研制开发了 QGL-40 型钢筋剥肋滚轧直螺纹机床，该机床主要由床身、钢筋夹持钳、工作头、动力传动机构、电气控制系统等部件组成。工作头中有一个可更换的滚轮盒，是该机床滚轧螺纹的专门部件，只要事先换好相应规格的滚轧盒，即可滚轧出所要求的螺纹，操作者不需现场调节。每台机床配备滚轧螺距 3mm 和 2.5mm 的两个滚轮盒，每个滚轮盒各配备 3 副不同直径的滚轮。更换滚轧盒和盒中的滚轮，即可滚轧出连接直径 18～32mm 钢筋的 M18.5×2.5～M32.5×3 等 6 种直螺纹。制作连接直径 36、40mm 钢筋的直螺纹时，需另配加大机头。

QGL-40 型钢筋剥肋滚轧直螺纹机床主要技术参数：

①加工钢筋直径            18～40mm

②加工的直螺纹            M18.5×2.5～M40.5×3.5

③加工的最大螺纹长度     90mm

④主电机功率              4kW

⑤机床自重                500kg

（2）辅助工具

砂轮切割机（用于钢筋端面平头）。

（3）检验工具

1）螺纹环规（用于检验钢筋丝头），包括通端螺纹环规和止端螺纹环规（图 3-1-3）。

2）力矩扳手（性能为 100～350N·m）。

3）卡尺。

4）螺纹塞规（用于检验套筒），包括通端螺纹塞规和止端螺纹塞规（图 3-1-4）。

8. 工艺要点

（1）工艺流程

1）钢筋丝头加工（在现场）

钢筋端面平头→剥肋滚轧螺纹→丝头质量检验→防护帽保护→丝头质量抽检→存放待用。

2）连接套筒加工（在工厂）

套筒加工→螺纹质量检验→加防护塞→装箱待用。

3）钢筋连接（在现场）

钢筋和套筒就位→去掉丝头和套筒的防护帽（塞）→将套筒与丝头配套连接→用力矩扳手拧紧接头→做标记→施工现场检验→完成。

（2）制造工艺要求

1）钢筋丝头

①钢筋端面平头：宜采用砂轮切割机或其他专用设备切割钢筋端头，严禁气割。要求钢筋端头切割面与母材轴线垂直；

②剥肋滚压直螺纹：利用剥肋滚压直螺纹机，将端面平头后的待接钢筋端头剥肋滚压成直螺纹；

③丝头质量自检：在加工丝头的过程中，操作者对加工的每一个丝头都必须先进行质量自检，质量合格者方可作为成品，否则需切掉重新加工；

④防护帽保护：对加工合格的丝头成品，应采用专用防护帽套好丝头进行保护，以防丝头被磕碰或被污染；

⑤丝头质量抽验：对自检合格的丝头成品，按规定应再进行抽样检验。抽验合格的丝头成品，方可出厂和在工程中

应用；

⑥存放待用：检验合格的丝头成品，应按规格型号进行分类存放备用。

钢筋丝头剥肋滚轧加工参考尺寸见表 3-4-2、表 3-4-3。

钢筋丝头剥肋滚轧加工参考尺寸表 表 3-4-2

| 钢筋规格<br>（mm） | 剥肋直径<br>（mm） | 螺纹规格<br>（mm） | 丝头长度<br>（mm） | 完整丝扣数 |
|---|---|---|---|---|
| 16 | 15.1±0.2 | M16.5×2 | 20～22.5 | ≥8 |
| 18 | 16.9±0.2 | M19×2.5 | 25～27.5 | ≥7 |
| 20 | 18.8±0.2 | M21×2.5 | 27～30 | ≥8 |
| 22 | 20.8±0.2 | M23×2.5 | 29.5～32.5 | ≥9 |
| 25 | 23.7±0.2 | M26×3 | 32～35 | ≥9 |
| 28 | 26.6±0.2 | M29×3 | 37～40 | ≥10 |
| 32 | 30.5±0.2 | M33×3 | 42～45 | ≥11 |
| 36 | 34.5±0.2 | M37×3.5 | 46～49 | ≥9 |
| 40 | 38.1±0.2 | M41×3.5 | 49～52.5 | ≥10 |

注：摘自中国建筑科学研究院企业标准 Q/JY 16—1999。

钢筋丝头剥肋滚轧加工参考尺寸表 表 3-4-3

| 钢筋直径（mm） | 剥肋直径（mm） | 螺纹规格（mm） | 剥肋长度（mm） |
|---|---|---|---|
| 16 | 15.0 | M16.5×2 | 18 |
| 18 | 16.9 | M18.5×2.5 | 21 |
| 20 | 18.8 | M20.5×2.5 | 22 |
| 22 | 20.8 | M22.5×2.5 | 24 |
| 25 | 23.5 | M25.5×3 | 28 |
| 28 | 26.6 | M28.5×3 | 31 |
| 32 | 30.4 | M32.5×3 | 35 |
| 36 | 34.4 | M36.5×3.5 | 40 |
| 40 | 38.0 | M40.5×3.5 | 43 |

注：摘自中国建筑科学研究院结构研究所和建硕钢筋连接工程有限公司企业标准Q/JS 02—2001。

2）连接套筒

①套筒的几何参考尺寸应符合表3-4-4、表3-4-5的规定（摘自中国建筑科学研究院企业标准 Q/JY 16—1999）。

**标准型套筒几何参考尺寸表**　　　　表3-4-4

| 钢筋直径（mm） | 螺纹规格（mm） | 套筒外径（mm） | 套筒长度（mm） |
|---|---|---|---|
| 16 | M16.5×2 | 25 | 43 |
| 18 | M19×2.5 | 29 | 55 |
| 20 | M21×2.5 | 31 | 60 |
| 22 | M23×2.5 | 33 | 65 |
| 25 | M26×3 | 39 | 70 |
| 28 | M29×3 | 44 | 80 |
| 32 | M33×3 | 49 | 90 |
| 36 | M37×3.5 | 54 | 98 |
| 40 | M41×3.5 | 59 | 105 |

**异径型套筒几何参考尺寸表**　　　　表3-4-5

| 套筒规格（mm） | 外径（mm） | 小端螺纹（mm） | 大端螺纹（mm） | 套筒总长（mm） |
|---|---|---|---|---|
| 16～18 | 29 | M16.5×2 | M19×2.5 | 50 |
| 16～20 | 31 | M16.5×2 | M21×2.5 | 53 |
| 18～20 | 31 | M19×2.5 | M21×2.5 | 58 |
| 18～22 | 33 | M19×2.5 | M23×2.5 | 60 |
| 20～22 | 33 | M21×2.5 | M23×2.5 | 63 |
| 20～25 | 39 | M21×2.5 | M26×3 | 65 |
| 22～25 | 39 | M23×2.5 | M26×3 | 68 |
| 22～28 | 44 | M23×2.5 | M29×3 | 73 |
| 25～28 | 44 | M26×3 | M29×3 | 75 |
| 25～32 | 49 | M26×3 | M33×3 | 80 |
| 28～32 | 49 | M29×3 | M33×3 | 85 |
| 28～36 | 54 | M29×3 | M37×35 | 89 |

| 套筒规格<br>（mm） | 外径<br>（mm） | 小端螺纹<br>（mm） | 大端螺纹<br>（mm） | 套筒总长<br>（mm） |
|---|---|---|---|---|
| 32～36 | 54 | M33×3 | M37×3.5 | 94 |
| 32～40 | 59 | M33×3 | M41×3.5 | 98 |
| 36～40 | 59 | M37×3.5 | M41×3.5 | 102 |

②套筒尺寸的偏差应符合表 3-4-6 的规定。

**套筒尺寸允许偏差表**　　　　　表 3-4-6

| 套筒外径 $D$（mm） | 外径允许偏差（mm） | 长度允许偏差（mm） |
|---|---|---|
| ≤50 | ±0.5 | ±2 |
| >50 | ±0.01$D$ | ±2 |

3）钢筋连接

①钢筋就位：将丝头检验合格的钢筋搬运至待连接位置，检查钢筋与套筒的规格型号是否一致、丝扣是否完好无损。

②接头拧紧：使用力矩扳手等工具将连接接头拧紧，力矩扳手的精度为±5。接头拧紧力矩应符合表 3-4-7 的规定。

**滚轧直螺纹钢筋接头拧紧力矩值**　　　　　表 3-4-7

| 钢筋直径（mm） | ≤16 | 18～20 | 22～25 | 28～32 | 36～40 |
|---|---|---|---|---|---|
| 拧紧力矩（N·m） | 80 | 160 | 230 | 300 | 360 |

注：当不同直径的钢筋连接时，拧紧力矩值按较小直径钢筋的相应值取用。

③作标记：对已经拧紧的接头应做出标记，单边外露丝扣的长度不应超过 $2P$。

④施工检验：对已经施工完的接头，应按规定进行质量检验。

9. 质量检验

（1）接头的型式检验

剥肋滚轮直螺纹接头的型式检验应符合《钢筋机械连接通用技术规程》（JGJ 107—2003）的规定。具体做法见"镦粗直螺纹钢筋连接技术"。

（2）型式检验报告

工程中应用剥肋滚轧直螺纹接头时，技术提供单位应提交有效的型式检验报告。

（3）丝头加工现场检验项目与要求

丝头加工的现场检验项目和要求见表 3-1-17，并按表 3-2-10 填写丝头检验记录报告。

（4）套筒出厂质量检验项目和要求

套筒的出厂质量检验项目和要求见表 3-1-18。

（5）接头的现场检验

1）钢筋连接作业开始前及施工过程中，应对每批进场钢筋进行接头连接工艺检验，工艺检验应符合下列要求：

①每种规格钢筋的接头试件不应少于 3 根；

②接头试件的钢筋母材应进行抗拉强度试验；

③3 根接头试件的抗拉强度均不应小于该牌号钢筋抗拉强度的标准值，同时尚应不小于 0.9 倍钢筋母材的实际抗拉强度。计算钢筋实际抗拉强度时，应采用钢筋的实际横截面面积。

2）现场检验应进行拧紧力矩检验和单向拉伸强度试验。对接头有特殊要求的结构，应在设计图纸中另行注明相应的检验项目。

3）用力矩扳手按表 3-4-7 规定的拧紧力矩值抽检接头的施工质量。抽检数量为：梁、柱构件按接头数的 15%，且每个构件的接头抽检数不得少于 1 个接头；基础、墙、板构件，每 100 个接头作为一个验收批，不足 100 个也作为一个验收批，每批抽检 3 个接头。抽检的接头应全部合格，如有 1 个接头不合格，则该验收批应逐个检查，对查出的不合格接头应进行补强，并按表 3-2-10 填写接头连接质量检查记录。

4）剥肋滚轧直螺纹接头的单向拉伸强度试验按验收批进行。同一施工条件下采用同一批材料的同等级、同型式、同规格接头，以 500 个为一个验收批进行检验和验收，不足 500 个也作为一个验收批。

5）对每一验收批均应按《钢筋机械连接通用技术规程》(JGJ 107—2003)中接头的性能指标进行检验与验收，在工程结构中随机抽取 3 个试件做单向拉伸试验。当 3 个试件抗拉强度均不小于该牌号钢筋抗拉强度的标准值时，该验收批判定为合格。如有 1 个试件的抗拉强度不符合要求，应再取 6 个试件进行复检。复检中仍有 1 个试件不符合要求，则该验收批判定为不合格。

# 4. 高性能混凝土应用技术

## 4.1 推广高性能混凝土的目的是为了提高混凝土的耐久性

### 4.1.1 混凝土裂缝是导致混凝土结构破坏的根本原因

1. 建筑物的寿命取决于混凝土结构的寿命

我国目前采用的建筑结构材料主要有木材、钢材和混凝土等，除木结构外，其他均离不开混凝土，其中包括钢结构、砖混结构采用的混凝土楼（屋）盖。所以，混凝土结构的寿命，即混凝土的耐久性，决定了建筑物的寿命。

2. 混凝土结构破坏的根本原因是混凝土的裂缝

起初几乎所有的研究混凝土的技术人员都认为：混凝土耐久性的劣化，仅仅是因为混凝土密实度不够造成的。然而现在的混凝土已发展为商品混凝土，混凝土原材料质量控制、配合比计量控制以及混凝土搅拌、运送、泵送浇筑的技术含量有了空前的提高，尽管混凝土的养护也做到了尽善尽美，但混凝土的裂缝却变成了不可避免，即使是密实度很高的混凝土也不一定耐久。高密实度混凝土耐久性劣化的元凶是混凝土裂缝。混凝土裂缝破坏了高密实度混凝土的耐久性。混凝土的裂缝已从特殊性转化为普遍性；从可以控制发展成不可控制；已成为混凝土质量的通病，深受其害的是露天混凝土结构，如城市桥梁、道路、码头、海港等有腐蚀介质侵害的场所，有害的腐蚀介质都是通过这些裂缝来侵蚀混凝土的。其次是房屋建筑的地下室以及结构屋面板、楼板和墙板，使其造成严重的渗漏。引起工程技术人员的普遍重视。

### 4.1.2 混凝土裂缝产生的原因

美国一个混凝土学者 Mehta，提出了由于混凝土裂缝而造成混凝土耐久性劣化，混凝土破坏的全过程见图 4-1-1。

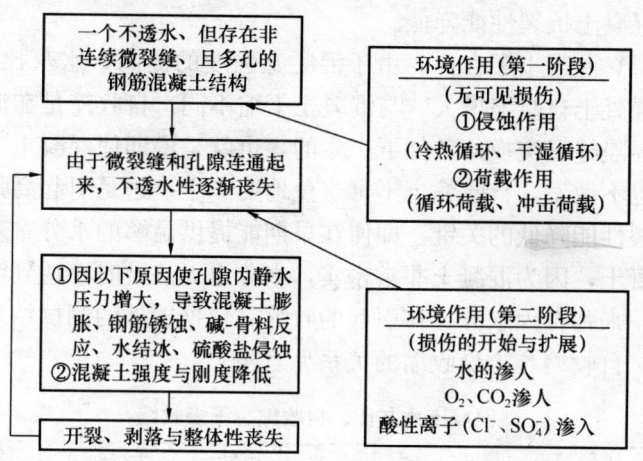

图 4-1-1　混凝土耐久性整体劣化示意图

从图 4-1-1 认为环境因素的影响分两个阶段：第一阶段，荷载和腐蚀性介质侵蚀的综合作用（干湿和冷热循环）促使微裂缝扩展直到它们连通，它一旦发生，混凝土渗透性显著增大；第二阶段，水、氧气、$CO_2$ 和酸性离子，以裂缝为突破口，轻而易举地渗入混凝土内部，这些有害介质的侵入，一方面加速了对混凝土的腐蚀，另一方面，混凝土强度和刚度部分丧失，混凝土逐渐开裂、剥落、体积减小，这反过来又引起渗透性显著增大，加速了混凝土破坏。

从这个过程可以看到冷热作用、干湿作用和荷载作用是使微裂缝扩展为贯穿裂缝的主要原因。

混凝土收缩的增加、应力松弛的减弱引起的主要原因包括三个方面：

（1）混凝土原材料。首先是水泥的抗裂性能的劣化。据研究表明，由于追求高早强，水泥的含碱量越来越高、水泥的细度越来越细、$C_3S$ 的含量越来越高，这些导致了水泥抗裂性能的大幅度下降。其次就是骨料，由于我国对混凝土骨料粗放型的管理，

123

使骨料的级配越来越差，孔隙率大幅度提高，导致水泥用量增加，混凝土抗裂性能降低。

（2）混凝土配合比。由于混凝土强度的提高，水灰比减小，导致混凝土自收缩增大。与混凝土干缩不同，自收缩是在混凝土与外界隔绝湿交换的条件下产生的，也就是说即使混凝土中水分一点也不散发，自收缩也不可避免地要产生。这是引起高强混凝土抗裂性能降低的关键。即使在早期能提供足够的水分，对于高强混凝土，因为混凝土非常密实，水分也无法及时渗透到混凝土内部，来弥补因水分迁移引起的收缩。根据国外的测试结果，水灰比、自收缩与干燥收缩的关系见表 4-1-1。

混凝土水灰比、自收缩、干燥收缩       表 4-1-1

| 水灰比 | 0.22 | 0.25 | 0.27 | 0.29 | 0.30 | 0.31 | 0.38 |
|---|---|---|---|---|---|---|---|
| 自收缩（%） | 80 | 67 | 63 | 55 | 52 | 50 | 36 |
| 干燥收缩（%） | 20 | 27 | 37 | 45 | 48 | 50 | 64 |

从表中可以看到，混凝土水灰比从 0.38 减小到 0.22，混凝土的自收缩从 36% 增加到 80%，而干燥收缩却相反，从 64% 减少到 20%。干燥收缩并不可怕，可以通过防止水分的蒸发来避免，而自收缩是最可怕的，因为无法避免。

（3）混凝土所处的环境条件。在施工现场，浇灌后的混凝土受到模板、钢筋等其他因素的约束，使其变形受到很大的限制。特别是在大风、干燥、高温天气，在大面积暴露（如浇筑楼板）混凝土时，由于混凝土表面温度高、水蒸发量大而很快变硬，表面呈硬壳状并失去流动性，内部混凝土还未硬化。在表层至内部未硬化的混凝土之间，形成硬化层。这层硬化层从外到里存在硬化梯度，制约了内部混凝土的继续变形，反之内部混凝土的变形也拉动硬化层的变形。由于未硬化的混凝土变形快，当变形到达一定程度，表层硬壳被拉裂。这种现象往往在混凝土浇筑后 1～3h 内发生。尽管采用拍、压、抹等技术措施，混凝土表面裂缝可暂时消失，但已无济于事，过渡层的裂缝不会消失，随着时间的推移，表面裂缝会再现。可以说，混凝土的裂缝大多在混凝土未硬化以前，其表面已形成细小的未贯穿裂缝。由于这些细小裂缝的存在，当混凝土收缩时，裂缝尖端处产生应力集中，混凝土徐变松弛大大削弱，轻而易举使裂缝扩展而开裂。

另外，现代建筑物的体形大和功能复杂多样，建筑物的各部分必然会产生各不相同的变形和位移。也不可避免地产生裂缝。

### 4.1.3 提高混凝土耐久性的根本途径

1. 高性能混凝土的特点

1990 年 5 月，美国混凝土学会（ACI）首次提出了有关高性能混凝土 HPC（High Performance Concrete）的定义，指出："HPC 是具备所要求的性能和匀质性的混凝土，这种混凝土靠常规作法（诸如：传统配合比、常规的拌合、浇筑与养护方法）是不可能获得的。"也就是说，高性能混凝土应具有防裂混凝土的特点，即具有：

体积稳定性——即使收缩发生，在约束状态下的混凝土，因其早期弹性模量较小、应力松弛较大，而使收缩所产生的拉应力小于混凝土的极限拉应力，使混凝土自身具有较强低抗开裂的能力。

较小的水化热——避免混凝土因内外温度梯度所产生的拉应力而拉裂混凝土。

良好的耐久性——具有很强的抗水渗透能力、抗氯离子渗透能力、抗硫酸盐腐蚀能力、抗炭化能力和抗冻能力。

较好的工作性能——包括流动性、不离析、不泌水、和易性、均匀性。

向绿色混凝土方向发展——尽量减少水泥用量，以减少因生产水泥所产生的二氧化碳；利用工业废料或城市废弃物，生产混凝土原材料，保护人类环境资源，保护人类生存环境。

2. 推行高性能混凝土的技术途径

（1）原材料和配合比

　　调整和优化砂石级配，最大限度减少水泥用量，以达到减少混凝土的收缩、防止混凝土裂缝：是配制高性能混凝土的关键。

　　1）大幅度减少水泥用量：每立方米混凝土水泥用量控制在150～250kg。大体积混凝土宜选用低水化热和凝结时间较长的水泥，如低热矿渣硅酸盐水泥、中热硅酸盐水泥、矿渣硅酸盐水泥、粉煤灰硅酸盐水泥、火山灰质硅酸盐水泥等。

　　2）大掺量粉煤灰等矿物细掺含料，其掺量达到总胶凝材料的 $50\%\sim60\%$。

　　3）选用较少粒径的粗骨料：对骨料的级配要求，归纳起来可用一句话来表示：在满足混凝土拌合物的工作性要求的前提下，使混凝土达到一定强度所需要的水泥浆用量最少。要达到这一要求，必须满足在标准规定的级配范围内（在砂石标准中规定了不产生离析的基本条件），骨料的空隙率与比表面模量最小的级配。

　　粗骨料粒径要求是：

| 混凝土强度等级 | 建议选用粒径（mm） |
|---|---|
| C30 以下 | 按施工要求选用 |
| C60 | ≤20 |
| C70 | ≤15 |
| C80 | ≤10 |

　　细骨料优先选用细度模量为 2.6～3.2 的天然河砂。较好砂率宜为 $34\%\sim42\%$。

　　4）低水胶比：一般低于 0.4，最低 0.35。

　　5）用水量建议如下：

| 混凝土强度（MPa） | 65 | 75 | 90 | 105 |
|---|---|---|---|---|
| 用水量（kg/m³） | 160 | 150 | 140 | 130 |

　　6）外加剂：为了降低成本，可按高效减水剂＋普通减水剂＋缓凝剂模式采用，通过试验确定外加剂型号及掺量。

　　（2）施工

　　1）采取有效控制钢筋位置的措施，防止浇捣混凝土时结构中受力钢筋移位。

2）混凝土板、墙中的预埋管线宜置于受力钢筋内侧，当置于保护层内时，宜在其外侧加置防裂钢筋网片。混凝土板、墙中的预留孔、预留洞周边应配有足够的加强钢筋并保证足够的锚固长度。

3）泵送混凝土应严格控制混凝土坍落度，泵送管出口高差宜控制在 500～800mm。

大体积混凝土，在严格控制坍落度的条件下，优先选择分层连续浇筑，并采取有效措施防止施工过程中表面泌水。

4）楼板混凝土浇筑完成到初凝前，宜用平板振捣器进行二次振捣。终凝前宜对表面进行二次搓毛和抹压，避免出现早期失水裂缝。

5）混凝土初凝后应及时洒水保湿养护；重要部位养护宜采用保水较好的草袋、麻袋或编制物湿润接触覆盖；对于表面积较大的板类构件或大体积混凝土，可采用蓄水养护，混凝土表面不便浇水或采用覆盖养护时，宜涂刷养护剂。

在干燥、高温、暴晒或风力较大的环境条件下浇筑的预拌混凝土或泵送混凝土楼板，应在浇筑混凝土后立即覆盖塑料薄膜保湿养护，并在混凝土初凝 2h 后洒水养护。

6）大体积混凝土结构浇筑后的养护期内应采取以下控制裂缝的技术措施：

大体积混凝土温度监测应能真实反映混凝土的内外温度差、降温速度及环境温度。测温点应布设于混凝土的上表面、中部、下表面，在养护过程中应对温度测试数据及时进行整理分析。

如混凝土内外温差及降温速度不符合计算要求，应根据实际情况采取控温措施。

控温养护的持续时间，应根据内外部温度情况确定。应保持混凝土表面的湿润。控温覆盖的拆除应分层逐步进行，不得采取强制，不均匀的降温措施。

大体积混凝土结构施工时宜控制混凝土内部最高温度与表面

温度差不大于 25℃；拆除模板或表面覆盖时混凝土表面温度与环境温度差不宜大于 15℃。

# 4.2 自密实混凝土施工技术

## 4.2.1 简介

随着我国建筑业的高速发展，混凝土材料及其施工技术正朝着高性能、绿色方向发展，自密实混凝土（self-compacting concrete，简称 SCC）由于在生产时大量使用了粉煤灰等利废材料，同时改善了施工环境，属于绿色高性能混凝土的一种。SCC 是指具有高流动度、不离析、均匀性和稳定性，浇筑时依靠自重流动，一般情况下无需工艺振捣即能自行填充模板内部各空间，形成稳定、密实结构，并拥有良好力学和耐久性混凝土。SCC 可以避免人为振捣固有的不均匀给混凝土质量带来的缺陷及振捣投入，其主要应用性能优势体现在以下 4 个方面：

（1）在结构配筋过密、薄壁、形状复杂、振捣工艺难于实施等情况下，混凝土结构设计和施工不受制约。

（2）由于无需振捣，混凝土在力学性能不受损的前提下，消除了人工振捣不均匀造成结构漏振、过振等影响自身质量缺陷，从而使混凝土具有更加均匀的微观结构、良好的表观效果和较好的耐久性。

（3）简化了混凝土施工工艺，缩短工期，提高效率。

（4）降低了作业强度和噪声污染，节省施工能耗及投入。

SCC 虽然具有以上优越性能，但选择 SCC 要充分考虑结构特点、原材料、生产施工和环境条件的差异性，在制备和施工时必须进行严格的技术和质量控制，需要从配制 SCC 拌合物的原材料选择开始，直至硬化后的后期养护及全过程实施监控，以求做到技术先进、安全适用、经济合理、保证质量和体现优势的工程效果。

### 4.2.2 SCC 的机理

自密实混凝土需要具有优越的工作性能,具体表现为高流动性、高抗分离性、高间隙通过能力和高填充性。按照流变学理论的流变特性划分,混凝土拌合物可以看做是宾汉姆体,其流变方程即宾汉姆方程为:$\tau = \tau_0 + \eta\gamma$,意即混凝土拌合物在外力作用下产生的剪应力 $\tau$ 等于其屈服剪应力 $\tau_0$ 加上塑性粘度系数 $\eta$ 和剪切变形速率 $\gamma$ 的乘积。在外力作用下当混凝土拌合物内部产生的剪应力大于阻止塑性变形的屈服剪应力 $\tau_0$ 时,拌合物开始流动。$\eta$ 是体系混凝土拌合物内部阻止其流动的一种性能,$\eta$ 越小,流动性越大,在相同外力作用下流动速度越快。因此,屈服剪应力 $\tau_0$ 和塑性粘度系数 $\eta$ 是反映混凝土拌合物工作性能的两个主要流变参数,它们既是混凝土开始流动的前提,又是不离析的条件。在依靠机械振捣工艺实现成型密实的普通混凝土中,由施加的外力振动产生的触变作用令 $\tau_0$ 大幅度减小,振动影响区内的混凝土呈液化状态而接近重质气体,从而实现混凝土流动并密实成型。而自密实混凝土是通过胶凝材料、掺合料、骨料和外加剂的优选和配合比的优化设计,使拌合物 $\tau_0$ 减小到适宜范围,同时又具有足够的塑性粘度系数 $\eta$;选择适当粒型的骨料并进行级配优化,使之能悬浮于水泥浆中,不出现离析和泌水问题;混凝土拌合物依靠自身重力,自由流淌和充分填充模型内的空间,形成均匀且密实的结构。

### 4.2.3 配制 SCC 的技术路线

基于 SCC 拌合物性能以及后期性能要求,制备 SCC 需要采取有效的材料与配合比技术措施,一方面从流动性、抗分离性、间隙通过性和填充性 4 个方面统筹考虑,控制混凝土拌合物体系的屈服剪应力 $\tau_0$ 和塑性粘度系数 $\eta$ 处于适宜范围,解决流动性与抗分离性的矛盾,从而提高间隙通过能力和填充性;另一方面要解决好混凝土的高工作性与硬化混凝土力学性能、耐久性的矛

盾。在实际配制时必须综合考虑上述两个方面的问题，以达到
SCC 结构的高性能化，一般可从以下几个方面着手：

（1）选用外加剂。优质的外加剂调节拌合物体系在低水胶比
条件下的屈服剪应力和塑性粘度，能对胶凝材料粒子产生强烈的
分散作用，释放其约束的水，以有效控制混凝土用水量，获得具
有高流动性和高抗分离性的良好施工性能，并保证硬化混凝土的
力学及耐久性能。

（2）优选优质矿物掺合料。优质矿物掺合料能调节拌合物流
变性能，使体系细粉含量水平达到良好的抗分离性、间隙通过性
要求，并减少水泥用量，改善界面状况和密实性能，改善硬化混
凝土性能。

（3）选用优质骨料。骨料的粒形、粒径、级配和杂质含量对
抗分离性、间隙通过性、填充密实性都有影响，杂质含量少、粒
形合理、级配合理、空隙率低的骨料能有利于混凝土自密实性能
的实现。

（4）确定合适的浆固比和砂率值。浆固比和砂率值对工作性
能影响很大，浆固比越大流动性越好，但过大的浆固比对混凝土
硬化后的体积稳定性不利；在合理砂率情况下，粗骨料周围包裹
足够的砂浆，不易在间隙处聚集，填充和密实效果良好，能提高
混凝土拌合物通过间隙的能力。

### 4.2.4　SCC 性能要求及评定试验

1. SCC 性能要求

（1）SCC 的自密实性能包括：流动性、抗离析性、间隙通
过能力、填充性和保塑性，其中前 4 个性能是硬性指标，每种性
能都必须达到一定的量化指标要求，而保塑性可依据运输距离来
定，显然，合适的保塑时间对施工有利。在工程运用中，SCC
自密实性能在满足构筑物施工质量要求的前提下，依据结构条件
和施工条件合理设定和选用。一般情况下，可根据结构物的结构
形状、尺寸、配筋状态将自密实性能分为 3 个等级，见表 4-2-1。

**自密实混凝土性能等级分类**　　　　表 4-2-1

| 性能等级 | 结　构　特　点 |
| --- | --- |
| 一级 | 钢筋的最小净间距为 35～60mm、结构形状复杂、构件断面尺寸小的钢筋混凝土结构物及构件浇筑情况 |
| 二级 | 钢筋的最小净间距为 60～200mm 的钢筋混凝土结构物及构件浇筑的情况 |
| 三级 | 钢筋的最小净间距 200mm 以上、断面尺寸大、配筋量少的钢筋混凝土结构物及构件浇筑情况，以及无筋结构物的浇筑情况 |

（2）在不同的工程施工中，根据工程结构特点，考虑施工各方技术管理水平和客观条件、质量标准要求等确定生产 SCC 的自密实性能等级，如对于一般的钢筋混凝土结构物及构件生产可采用二级自密实性能 SCC。每一等级的 SCC，其新拌混凝土各种自密实性能指标要求不同，表 4-2-2 中试验项目与指标可作为 SCC 制备与质量控制的一种依据。同时，SCC 硬化后的强度、弹性模量、耐久性等其他性能也要能满足相关要求。

**自密实混凝土性能等级与指标对应表**　　　　表 4-2-2

| 序号 | 指标项目 | 性　能　等　级 | | |
| --- | --- | --- | --- | --- |
| | | 一级 | 二级 | 三级 |
| 1 | 坍落度（mm） | ≥240 | | |
| 2 | 坍落扩展度（mm） | 700±50 | 650±50 | 600±50 |
| 3 | $T_{50}$（s） | 5～20 | 3～20 | 3～20 |
| 4 | V 漏斗通过时间（s） | 10～25 | 7～25 | 4～25 |
| 5 | V 漏斗静置 5min 后通过时间（s） | <30 | <40 | <40 |
| 6 | U 型箱试验填充高度（mm） | 320 以上（隔栅型障碍 1 型） | 320 以上（隔栅型障碍 2 型） | 320 以上（无障碍） |

说明：表中 $T_{50}$ 表示坍落扩展度达到 50cm 时经历的时间。

**2. 自密实性能评价试验**

合理的试验评定方法是正确配置 SCC 的前提条件，但 SCC 的性能评价难以用一种方法来全面反映混凝土拌合物的工作性能，需要依靠多种试验方法，各种试验实施过程中，需要根据不同情况寻求自密实性能四要素之间的平衡。以下是常见的自密实性能评价试验，各试验过程都应在地面上进行，混凝土无需任何振捣并避免周围有振动。

（1）坍落扩展度与扩展速度

依靠振捣工艺密实成型的普通混凝土，简单用坍落度数据来评价混凝土拌合物流动性，即可达到目的。而 SCC 不仅要求衡量拌合物流动性在数值上的表现，而且要判断其在流动过程中的黏性程度及受其影响的抗离析性能，因此通过观察与测量混凝土在做坍落度试验时平板上的坍落扩展程度与速度情况，更能兼顾 SCC 的流动性、抗离析性、稳定性的测评。在做坍落扩展度试验时，除应符合现行国家标准《普通混凝土拌合物试验方法标准》（GB/T 50080—2002）中的规定外，还需符合以下规定：混凝土分 3 层加入坍落度筒，每层厚度基本一致；采用自密实方式成型，每加入一层混凝土后不得振捣，待混凝土表面水平后再加入下一层，直至筒口加满。SCC 坍落扩展度应在 $550 \sim 750mm$ 之间，混凝土扩展为 50cm 时的时间 $T_{50}$ 为 $3 \sim 20s$，获取数据的同时，还应目测混凝土不得出现泌水浮浆环或粗骨料在中心聚集现象。在实际评定中，坍落扩展度应落在相应区间内，而 $T_{50}$ 试验重复性和可比性不强，受试验条件与人为因素影响大，$T_{50}$ 试验可多做几次，取结果最好的一次作为混凝土黏性的参考指标，不必过分强调试验值的满足性。

（2）V 形漏斗试验

V 形漏斗试验也是检验 SCC 流动性和抗离析性能的一种方法。混凝土从 V 形漏斗中全部流出的时间越短，说明其流动性越好，但同时也显示混凝土黏性越差。实际控制时，可在坍落扩展度试验满足要求后，再用该试验来测评混凝土拌合物黏性，在指标区间内，流完时间越长，混凝土抗离析风险能力越好。如果混凝土静置放于漏斗中 5min 后其流空时间同前次相比差异很大，也可说明混凝土的抗离析性较差。该试验的简易方法是用倒置的坍落度筒代替 V 形漏斗，也可取得试验评价数据。具体判定漏斗中混凝土流空时间时，可由漏斗上方向下观察，透观的瞬间即为流空瞬间，流空时间用精度不低于 0.1s 的秒表进行测定。常用的 V 形漏斗的形状及内部尺寸如图 4-2-1 所示，漏斗的容量约为 10L，其内表面需经加工修整呈平滑状。V 形漏斗制作材料可用金属，也可用塑料。在漏斗出料口的部位，需附设能快速开启且具有水密性的底盖。漏斗上端边缘的部位，须加工整平，构造平滑。

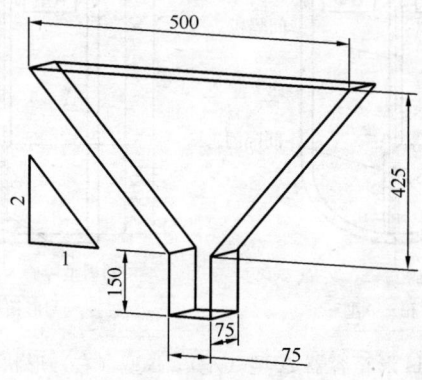

图 4-2-1　V 形漏斗的形状及内部尺寸

（3）U 形箱试验

采用 U 形箱容器，中间放置规定钢筋直径与间距的隔栅型障碍作混凝土填充装置，来评价 SCC 通过钢筋间隙的流动能力与自行填充至模板角落的能力。常用的 U 形箱容器如图 4-2-2 所示，材料为钢质或有机玻璃，内表面须平滑，尽量减少混凝土与容器间的摩擦阻力，组装后的 U 形箱填充装置应坚固，且能观察混凝土的流动状态，钢制的填充装置在量测填充高度面须使用透明材料。在填充装置的中央部位放置隔栅型障碍，如图 4-2-3 所示，根据具体工程结构物的形状、尺寸及配筋状况制作，指标要求结合自密实混凝土性能等级确定，1 型隔栅以 5 根 $d=$ 10mm 钢筋制成；2 型隔栅以 3 根 $d=13$mm 钢筋制成。

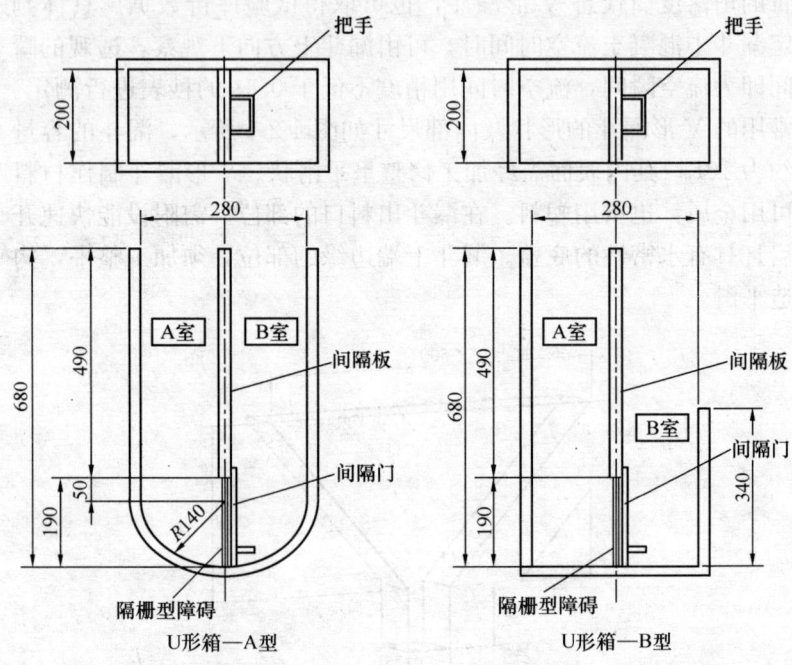

图 4-2-2　U 形箱容器 A 型（左）、B 型（右）形状与尺寸图

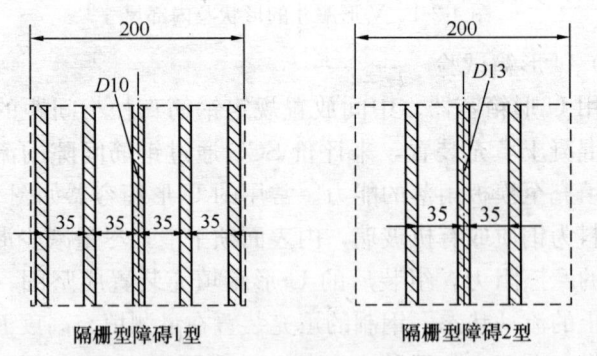

图 4-2-3　U 形箱隔栅型障碍 1 型（左）、2 型（右）形状与尺寸图

　　试验过程如图 4-2-4 与图 4-2-5 所示，连续迅速地将间隔门向上拉起，混凝土边通过流动障碍边向 B 室流动，直至流动停

止为止，在此期间填充装置均须保持静止不得移动，右侧上升填充高度应达 320cm 以上。

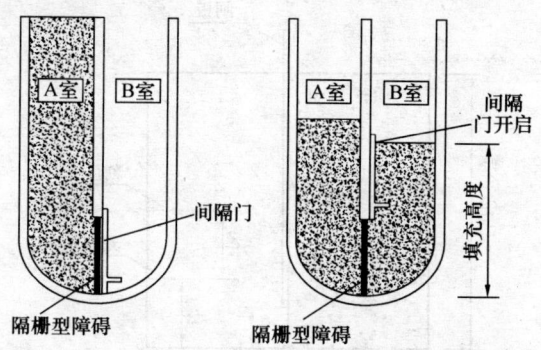

图 4-2-4 A 型 U 形箱试验过程与测量方法示意图

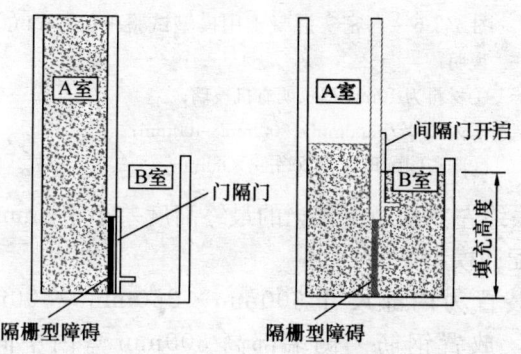

图 4-2-5 B 型 U 形箱试验过程与测量方法示意图

（4）模型试验

试验装置为内部尺寸 500mm×200mm×400mm 的透明有机玻璃，盒内中间有一隔板将盒分成等容积的两室，隔板下有 60mm 高间隔。隔板处设置闸板，抽出闸板可使两室沟通。盒室右侧面分别距盒底 100mm 和 200mm 处有一刻度线。模型试验见图 4-2-6。

在左侧盒子中装满新拌混凝土，提起中间闸板，让混凝土自间隙通过后返到右侧。指标为混凝土流过上下刻度线的时间是

135

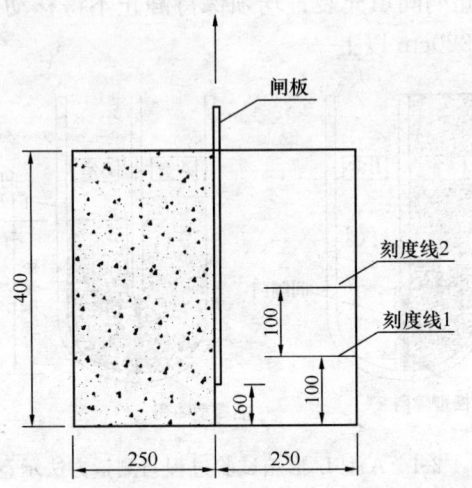

图 4-2-6    自密实混凝土用模型试验单位：mm
说明：
①材料为 10mm 厚透明有机玻璃；
②内尺寸为 500mm×200mm×400mm；
③闸板间隙尺寸为 200mm×60mm。

5~10s，最终左右两边混凝土的最终高度差小于 3mm。

（5）配筋模型试验

试验装置为内部尺寸 600mm×250mm×500mm 的透明有机玻璃，放置钢筋一侧端部高 300mm 盒内中间有一隔板将盒分成（200+400）mm 的两室，隔板下有 180mm 高间隙。隔板处设置闸板，抽出闸板可使两室沟通。配筋结构在满足规范前提下，按施工要求用钢筋焊制成不同规格的网状结构，以考察混凝土拌合物通过实际钢筋间隙能力。配筋模型试验见图 4-2-7。

在盒子左侧中装满新拌混凝土，提起中间闸板，让混凝土自间隙通过后填充到另一侧的钢筋间隙中。指标为混凝土最终停止后在钢筋模型内的上表面高差不大于 10mm；称取通过钢筋骨架前后的拌合物，采用 5mm 孔径筛分，测定粗骨料含有率的变

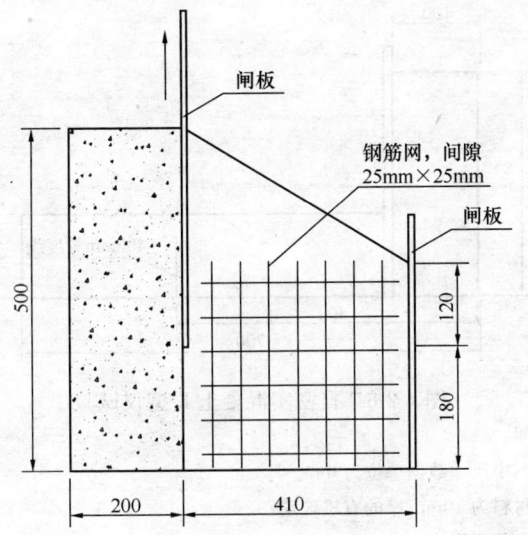

图 4-2-7　自密实混凝土用配筋模型试验　单位：mm

说明：

①材料为 10mm 厚透明有机玻璃；

②内尺寸为 600mm×400mm×250mm；

③闸板间隙尺寸为 180mm×250mm。

化，以定量评价抗分离性能，流过钢筋骨架前后粗骨料含量的变化不大于 10%。

（6）L 型仪试验

L 型仪由 10mm 透明有机玻璃做成，分 L 形箱体和插板组成，L 形箱体由敞口长方体和溜槽相连并相通，L 型仪器尺寸如图 4-2-8 所示。

插上插板，将混凝土拌合物分两次不用振捣即可装入 L 型仪左侧的箱体中，直至与上口齐平，并用抹刀刮平表面。提起插板并开始计时，混凝土拌合物从通道流出，指标为 40cm 距离流出时间是 3～6s，流动停止后水平高差不大于 20%。

（7）常用自密实性能评价试验汇总表，见表 4-2-3。

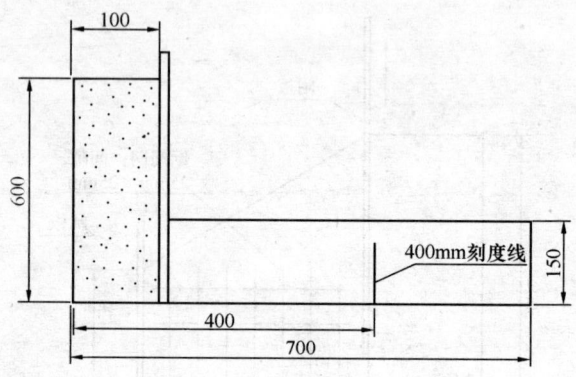

图 4-2-8　自密实混凝土 L 型仪试验

说明：

①图中尺寸数据单位为 mm。

②材料为 10mm 厚的有机玻璃；

③内部宽度为 200mm。

常用自密实混凝土性能评价试验汇总　　　　表 4-2-3

| 序号 | 试验方法→<br>（性能）↓ | 坍落<br>扩展度 | V 漏斗 | 模型试验 | 配筋模<br>型试验 | U 型箱<br>试验 | L 型仪器<br>试验 |
|---|---|---|---|---|---|---|---|
| 1 | 流动性 | 扩展度值 | 流空时间 | 高差 | 高差 | 填充高度 | 高差 |
| 2 | 抗离析性<br>（骨料） | 扩展速度<br>值、目测 | 5min 后对<br>比、目测 | 流过时间 | 前后混凝<br>土粗骨料<br>含量比 | 目测 | 流出时间<br>及目测 |
| 3 | 间隙通<br>过能力 | 不检测 | 不检测 | 不检测 | 1、2 项达<br>标即<br>为良好 | 1、2 项达<br>标即<br>为良好 | 1、2 项达<br>标即<br>为良好 |
| 4 | 填充性 | 不检测 | 不检测 | 1、2 项达<br>标即<br>为良好 | 1、2 项达<br>标即<br>为良好 | 1、2 项达<br>标即<br>为良好 | 1、2 项达<br>标即<br>为良好 |
| 5 | 保塑能力 | 设定的保塑时限过后重复各试验过程。 | | | | | |
| 6 | 泌水性 | 各试验中目测泌水圈或泌水浮浆环出现情况。 | | | | | |
| 7 | 备注 | 目测内容是混凝土骨料分离、堆积和分层沉降情况。 | | | | | |

在实际自密实混凝土试验中，可选择其中的几项组合，将各种自密实性能都实施评价并取得平衡。

### 4.2.5 SCC 的施工技术

1. 原材料选择

欲成功配制 SCC 很大程度上取决于高品质的原材料，但是原材料的质量又受市场客观条件和混凝土生产单位采购能力的限制，这就更加要求技术人员充分分析工程要求和加强技术质量管理水平，合理确定 SCC 性能要求和选用 SCC 所需要的原材料。

（1）水泥

一般情况下，六类水泥都可以用来生产 SCC，考虑到 SCC 体系中矿物掺合料独立性的优势，最好选用普通硅酸盐水泥或硅酸盐水泥。作为主材用的各项质量指标较稳定的产品，以便能减少 SCC 的质量波动，并为 SCC 生产过程中的质量控制提供方便。水泥的品质应侧重同外加剂的相容性、标准稠度用水量低和较高早期及后期强度，其中水泥与外加剂是否相匹配，直接决定能否配制出自密实高性能混凝土。尽可能选用 $C_3A$ 和碱含量低的水泥，这样对于坍落度损失控制有利，而对于有防裂要求的工程，采用防裂水泥也是有效的措施之一。

（2）外加剂

应用优质外加剂是制备优质 SCC 的必要条件，SCC 拥有合理黏性稠度的大流动性、高细粉颗粒含量体系的抗裂能力以及合适的保塑性能，都需要依靠外加剂来实现。这也是相对于其他材料最可能有效的方法，在使用外加剂时应重视以下几方面：

1）高减水率：这在坍落扩展度与扩展速度指标中得到有力体现。需要依靠外加剂的高减水率来保证低水胶比、高细粉含量体系的混凝土自密实能力，达到混凝土结构低孔隙率，高密实度目标。在应用中并不是减水率越高越好，满足使用要求即可。高减水率外加剂的掺量要进行必要的控制，掺量太高如接近甚至超过饱和点，会导致混凝土对用水量变化的敏感性增强，而使生产中的混凝土离析、泌水的概率增大，加大质量控制难度。

2）良好的保塑能力：混凝土自密实性能的保持与自密实性能的实现同等重要，这是因为无论何种原因，一旦 SCC 损失了可塑性能，恢复技术较难。虽然 SCC 体系由于大量矿物掺合料的加入，塑性及其保持能力已经改善，但还是需要外加剂来继续增强拌合物体系的保塑能力，以满足施工要求。

3）减缩性能：自密实性能的实现采用低水胶比和高密实度，实现的同时也导致其自收缩增大，硬化混凝土的体积稳定性将受到影响。在控制体系细粉成分和总量不能完全解决问题的情况下，如工程有严格的混凝土收缩指标要求，采用外加剂减少收缩也是一种方便、有效的措施，如使用膨胀剂补偿混凝土，由于浆体多而产生的收缩、在外加剂中复合减少混凝土收缩成份，都能增加混凝土的密实性，减少裂缝出现几率。但需要指出的是，减缩剂一般对混凝土的后期养护要求更高。现在开始尝试用有机纤维，对混凝土早期由于收缩而产生裂缝进行控制，工程应用中也能起到一定的效果。

4）增稠剂的使用：解决 SCC 的流动性同抗离析性的矛盾，可采用增加拌合物的稠度，使混凝土在大流动度的情况下不离析与分层。虽然高的总细粉含量提高抗离析能力，但不利于抗裂与耐久性，且在低强度等级 SCC 中细粉含量有限；另一种方法是采用起到增加稠度作用的增稠剂，但此种外加剂会延缓混凝土凝结硬化时间，有的可加剧坍落度损失，且成本较高，应综合考虑。

（3）矿物掺合料

矿物掺合料掺入混凝土中有"界面效应"、"微填效应"和"活性效应"，是自密实高性能混凝土中不可缺少的组成材料。充分发挥这些效应，可以达到大幅度降低新拌混凝土的内部屈服剪应力、改善流变性能并延缓坍落度损失、改善硬化混凝土的孔结构及力学性能、提高后期强度和耐久性、延迟水化放热峰值及降低早期水化热、有效抑制碱—骨料反应等效果，并能降低材料成本。常见的有粉煤灰、粒化高炉矿渣粉、硅灰、沸石粉、复合矿物掺合料等，优异的矿物掺合料能和水泥颗粒形成良好的级配并降低胶凝材料的需水量。在实际工程应用中，可依据工程特点、混凝土自密实性能及其他性能要求、掺合料品质以及成本等综合考量，经试验确定选用，值得注意的是掺合料的掺入，要能不增加或少增加混凝土拌合用水量，并保证硬化混凝土强度。

粉煤灰只有品质优良才能改善新拌和硬化混凝土的性能，Ⅲ级粉煤灰由于需水量比等指标较差，SCC 不能采用；强度等级不低于 C60 的 SCC，最好能采用指标优异、强度活性高的 Ⅰ 级粉煤灰，如用 Ⅱ 级粉煤灰应经试验确定掺量，是否对强度发展有影响。另外高钙粉煤灰使用时要谨慎，需按掺量进行安定性试验和强度试验。

粒化高炉矿渣具有较高的活性、需水量小；沸石粉能在提高 SCC 黏聚性、保水性方面起作用，两者都适宜配置 SCC。

硅灰在改善混凝土黏聚性、流变性和提高强度、耐久性方面效果显著，一般价格偏贵，可在高强度等级 SCC 中采用，值得注意的是掺硅灰混凝土收缩较大。

复合矿物掺合料中由于含有多种成分，增加了同外加剂的相容性难度，使用前要进行较充分的试验、试配工作。

（4）砂石料

骨料的粒形、级配、含泥（块）量会影响混凝土的施工性能、变形性能、抗裂以及耐久性能，在 SCC 中要求砂石料具备较理想的状态。SCC 由于砂浆量大，砂率大，应选用 Ⅱ 区中粗砂。砂子含泥量和杂质会使水泥浆与骨料的黏结力下降，需要增加用水量和增加水泥用量，所以应控制含泥量不大于 3.0%，泥块含量不大于 1.0%。石子的最大粒径以小于 20mm 为宜，含泥量不大于 1.0%，泥块含量不大于 0.5%，隙率小于 40%。由于针、片状颗粒会增大空隙率，应控制不大于 5%。骨料由于资源条件限制，质量难于稳定，应尽可能的选用优质骨料，这样有利于 SCC 的配制与施工。

2. 配合比设计与确定

SCC 主要采用增大胶结材料用量和采用优质高效外加剂的方法，提高浆体的黏性和流动性，以利于浆体充分包裹和分割粗细骨料颗粒，并使骨料悬浮在胶结材浆体中，形成优越的自密实性能。SCC 的这种特点，决定其配合比设计方法比普通混凝土有不同。进行 SCC 配合比设计时，可首先确定自密实性能等级，明确性能指标，在综合强度、自密实性能、耐久性及其他性能的基础上，采用绝对体积法提出试验配合比，经试验调整后，进行试生产或应用于工程实践，一般配合比设计途径如下：

（1）确定 SCC 性能等级

根据具体工程要求确定 SCC 性能等级、强度及其他要求。

（2）确定原材料性能

水泥：试验确定强度、凝结时间、需水量等指标，表观密度一般取 $3.1\text{g/cm}^3$。

掺合料：品种、活性指数、需水量等技术指标，粉煤灰表观密度一般取 $2.2\sim2.3\text{g/cm}^3$，矿渣表观密度一般取 $2.8\text{g/cm}^3$。

细骨料：Ⅱ区中粗（河）砂，技术指标符合自密实要求，小于 0.16mm 的细粉含量不大于 2%，表观密度一般为 $2.6\sim2.7\text{g/cm}^3$。

粗骨料：粒型、级配、含泥（块）含量、针片状含量等符合自密实要求，表观密度一般为 $2.7\sim2.75\text{g/cm}^3$。

外加剂：种类、减水率、固含量及其他性质，经试验确定与胶凝材料的适应性及掺量。

（3）设计初期配合比

①根据自密实性能选取单方混凝土粗骨料体积用量，根据经验一般在 $280\sim350\text{L}$ 内选取，自密实性能等级高时取下限值，根据表观密度能确定粗骨料质量用量。

②单方混凝土用水量取 $155\sim180\text{kg}$，水与总细粉量比值（体积水胶比）根据细粉的种类和掺量取 $0.8\sim1.15$ 不等，到此可确定总细粉体积，根据 SCC 体系要求总细粉量应处于 $160\sim$

230L 之间，否则应调整用水量或水粉比参数。

③评定含气量：可根据使用的外加剂性能或测定混凝土含气量确定，一般取 10～40L。

④考虑细骨料的细粉含量后，依据前面的条件可求取细骨料用量，其各种组成材料组成 1000L（1m³）的混凝土结构。

⑤确定各粉体含量：粉体可能包括水泥、各种掺合料、细骨料的细粉以及惰性材料，细骨料的细粉为已知，水泥、矿物掺合料用量应根据强度要求、水灰比及掺合料依据试验确定，惰性材料是在水泥、矿物掺合料用量确定的前提下为满足粉体用量而确定的。

⑥通过试验确定外加剂的掺量，完成初期配合比的设计。

（4）初期配合比试验

将设计好的初期配合比通过试验试拌，进行相关性能试验，验证配合比是否满足既定要求。

（5）初期配合比调整

当对新拌 SCC 的流动性、抗分离性、间隙通过能力及填充性进行验证，表明自密实性能或硬化混凝土性能（强度、弹性模量、耐久性等）不能满足要求时，要对初期配合比，必要时对原材料进行优化调整。如自密实性能不满足时可增减外加剂掺量、用水量、骨料用量及水粉比等参数，但调整过程中需要注意各自密实性能的相关性，一项性能增强则可能使另项性能受到不利影响，另外硬化混凝土性能也需要重新验证。

有时候调整各材料用量即只靠优化配合比仍不能成功，此时问题可能出在使用材料品质上面，当材料受到客观条件限制时，调整自密实性能指标值则可能成为必要。

（6）SCC 试生产及工程模拟

对于重要工程或特殊结构工程，有时候通过实验室的试验并不能绝对保证工程效果，为了达到工程一次成优，有必要在正式施工前进行试生产或模拟工程试验。试生产是检验搅拌楼生产 SCC 与试验室配制 SCC 的可重复性和稳定性的过程；工程模拟则是通过模拟工程结构实体施工，来确保已确定的 SCC 性能是否满足实体工程要求。

3. 可参考的实用技术

(1) 自密实性能恢复调整方案

自密实混凝土当浇筑前发现自密实性能部分损失时，可用同种类、同批量外加剂进行调整尝试，即在现场向混凝土拌合物中有限度地添加外加剂和运输车高速转动相结合，来恢复混凝土的自密实性能。自密实混凝土要求外加剂不能过量掺加，否则混凝土会出现离析，因此通过试验，取得自密实混凝土使用的外加剂饱和掺量数据以及生产时外加剂的实际掺量，决定了现场性能调整用外加剂的空间，在生产自密实混凝土时外加剂掺量宜处于最大饱和掺量的中间位置，并事先制定自密实性能恢复调整方案。

调整方案可明确以下内容：外加剂饱和点掺量数据；随车携带同种外加剂；必须派有经验技术人员跟踪到场，并亲自实施方案，佩戴带好添加工具量筒，每方混凝土每次掺加 0.05kg 并实测密度后换算成体积量，以便使用量筒、运输车高速转动后检验自密实性能恢复情况，控制外加剂总体掺量以避免混凝土离析。

(2) 粗骨料级配优化方法：

骨料技术以前并未引起人们足够的重视，但市场上骨料的质量参差不齐，配制普通混凝土时人们关注更多的只是含泥量，而对自密实混凝土而言，粗骨料经过优化后良好的级配将会为自密实性能的实现和最终工程效果提供保证条件。

自密实混凝土使用的粗骨料粒径一般为 5～25mm，为了达到降低骨料体系空隙率，可以用一定数量的 5～10mm 卵石和 10～25mm 卵碎石混合进行级配优化调整，两种骨料的掺加比例通过试验测定表观密度和堆积密度进而求得空隙率来确定，要求空隙率越小越好，一些试验认为，自密实混凝土粗骨料的空隙率不大于 38% 为宜。

#### 4.2.6 SCC 施工过程控制

1. 原材料进货、堆放、储存控制

各种水泥和掺合料按品种分别储存，并做好防潮和防污染措施，骨料保证颗粒不产生分离，级配均匀稳定，不同规格分开堆放并防止污染、混杂。

2. 原材料计量、搅拌控制

混凝土搅拌设备宜用强制式搅拌机并确保搅拌均匀，计量器具定期校验，确保计量读数准确，各材料计量偏差控制在表4-2-4范围。

混凝土搅拌计量允许误差       表 4-2-4

| 序号 | 原材料品种 | 水泥<br>（％） | 骨料<br>（％） | 水<br>（％） | 外加剂<br>（％） | 掺合料<br>（％） |
|------|-----------|------|------|------|--------|--------|
| 1 | 每盘计量允许偏差 | ±2 | ±3 | ±2 | ±2 | ±2 |
| 2 | 累计计量允许偏差 | ±1 | ±2 | ±1 | ±1 | ±1 |

SCC 搅拌投料顺序及搅拌时间对性能有影响。投料顺序可为：投入骨料搅拌 20s，加水和外加剂搅拌 10～20s，加水泥、掺合料搅拌至总时间 90s 出料。要保证混凝土搅拌均匀、搅拌时间不得少于 90s，掺加了膨胀剂、纤维材料或冬季施工加入防冻剂则延长搅拌时间到 120s 有利，搅拌过程中随时检查混凝土的工作性能并调整搅拌时间。

同普通混凝土投料搅拌相同，在每次使用搅拌机时，应先开动空车运转，运转正常后加料搅拌。搅拌第一盘混凝土时按施工配合比多加 10％的水泥、水和细骨料或减少 10％的粗骨料用量，使富裕的砂体能布满搅拌机内壁和叶片。

3. 运输控制

SCC 运输要求严格，要控制混凝土水量，运输车接受混凝土前必须清空残灰和积水，运输过程中不停搅拌以保持其整体均匀、不离析或分层，当环境温度偏差大时，要求具有保温措施，并具有保证能够准时到达施工现场的能力。

4. 质量管理与检验

SCC 的质量除应按国家有关标准实施抽样按常规检验外，还应进行各项自密实性能检测。检测试验可在搅拌站实施，但当到达现场时，特别是运输或浇筑被延误后，应在浇筑前进行检测。现场检测应抽取有代表性的样品，做坍落扩展度试验，试验值应在验收范围内，从搅拌车取料时应高速转动至少 1min。自密实性能不能满足要求时，可用预备好的同种外加剂调整方案进行调整，性能合格后再进行浇筑施工，特别应注意外加剂如含有缓凝组分时，应限制外加剂总掺量。在每个工作台班第一次供货进行一次验收检查后，整个施工过程中，可系统地在任何有疑问或环境条件改变时进行混凝土质量抽查。

5. 现场组织与施工管理

（1）现场安排。施工现场应为 SCC 施工提供足够的方便，派专人负责现场调度，不要影响 SCC 的浇筑进程。在考虑自密实混凝土所有特性的基础上，制定、并严格实施施工计划，对于特殊的施工部位，可制定具体的施工措施。

（2）现场运输。可根据自密实混凝土质量、浇筑工作量、泵送条件、操作及安全性、输送速度、施工经验和组织水平，确定混凝土泵的种类、数量、泵送距离、输送管径及配管路径及距离或长度。

当采用其他输送方式时，同样要考虑混凝土质量、浇筑工作量以及浇筑速度要求，注意不能用传送带运输，也防止在运输过程中产生振动使混凝土趋于分离。

（3）模板要求。为保证 SCC 的工程使用效果，对模板的要求较之普通混凝土要高，脱模剂的选择也要更严格。模板要有刚度和密闭性，不漏浆，不影响 SCC 的组成均质性和外观。由于SCC 流动性大，应按流体压力来计算模板受到的侧压力。根据经验，模板缝隙应小于 1.5mm，模板应在合适位置留置直径不大于 2mm、间距均匀的排气孔，以利于混凝土气泡排出和减小混凝土密实成型产生的气压力。

（4）浇筑控制。SCC 入泵前，特别是用外加剂进行过性能调整后，应保持运输车高速转动 3min 以上，目的是使混凝土组成均匀能达到最佳自密实状态。SCC 浇筑施工要连续，如果由于某种原因停泵时间过长，不但混凝土会丧失部分自密实性能，而且必须清理干净泵送管里的混凝土，否则会对后续浇筑的混凝土性能产生影响。

在确定 SCC 浇筑方式和布设浇筑下灰点时，要充分考虑结构物的截面形式、构件类别、配筋情况、拐角及预留（埋）件位置等，不同形式的浇筑区域至少应设定一个下灰点。浇筑高度应尽可能低，最大不超过 5m。对于竖向结构，可以采用在模板内上方插导管或从模板底部泵送的浇筑方法，以避免新拌混凝土在模板内自由下落发生离析现象。对于模板内水平浇筑距离，可根据施工部位对混凝土性能的要求确定，一般取决于混凝土在模板内移动、填充能力和保持均质的能力，水平浇筑距离越大，混凝土在动态下离析的可能性也越大。国外一些规范要求水平距离为 8m，最大不超过 15m，我们的经验为不超过 7m 时较适宜，具体工程应根据结构情况、观察与试验，适当调整可接受的水平浇筑距离。

整个浇筑过程需要安排人员密切关注泵送管道及浇筑面的自填充进展情况，及时阻止管道漏跑浆体或浇筑不均现象，必要时可在模板外实施辅助敲打。应注意即使浇筑处于连续进行状态，也得掌控浇筑速度，可根据混凝土配合比或质量、结构形状及配筋情况确定。泵送速度太快易使 SCC 在局部聚集损失工作性甚至发生阻塞，太慢则会丧失最佳自密实时机。可以根据 SCC 在不同浇筑区域能保持均匀性的自填充移动速度合理安排泵送速率。

6. 养护控制

养护是防止混凝土在硬化时期产生裂缝的重要举措。SCC 由于胶凝材料多、水胶比小、水化反应快以及低泌水性等特点，更容易受塑性收缩的影响，因此，混凝土养护尤其是早期养护显得非常重要，特别是水平结构。在浇筑完毕并在混凝土终凝之前就要开始及时养护，并增加预养护时间，可制定养护方案和指派专人负责此项工作。养护一般采用保温、保湿方法，整个养护期不应少于 14d。对于水平结构、环境气温高的情况，需要特别注意混凝土在浇筑后几小时内易出现失水状态，及时浇水以避免结构表面水分过度蒸发而出现裂缝。

### 4.2.7　生产及施工管理要求

SCC 工程对生产与施工管理提出较高要求。工程施工单位与混凝土生产企业要建立完善的质量管理体系和有效的质量控制措施，采用与产品相适应的混凝土试验、质量检测器具，良好的试验条件。应对具体工程实施周密策划，制定严密的 SCC 施工计划，并依据计划实施混凝土生产、施工与管理活动。

### 4.2.8　用于预制构件生产的考虑

SCC 用于预制构件时至少应区别对待的事项如下：

（1）混凝土蒸汽养护工艺对 SCC 后期性能的影响。

（2）蒸汽养护 SCC 的弹性模量的变化。

（3）模板的侧压力应重新考虑并改善模板支护强度。

（4）脱模剂的效果应重新试验与选择。

（5）当浇筑形状复杂或封闭空间的模板时，在模板上适当位置（试验确定）应设置排气孔或采用透气模板，利于 SCC 气泡的排出。

（6）针对预制构件模板的封闭性和异型的细部尺寸，局部辅助性振捣或敲打，合理的浇筑速度值得实施和掌握。

（7）对预应力工艺控制的影响。

### 4.2.9　SCC 工程举例

1. 首都经济贸易大学学生公寓楼工程

（1）工程概况

首都经济贸易大学学生公寓楼是该大学校区标志性建筑之一。学生公寓楼 1～3 层框架柱及过梁结构设计复杂，钢筋密度大，普通混凝土难以完成施工任务，施工时处于冬期，经多方讨论研究最后决定使用 C60 自密实冬施混凝土。

（2）确定 C60SCC 的性能等级及指标

根据工程结构特点，配筋状况，综合施工方管理水平，确定 C60SCC 性能等级按二级目标进行控制，2h 内无性能损失，具体性能指标见表 4-2-5。

**自密实混凝土设计性能指标** 表 4-2-5

| 序号 | 项　目 | 指　标 |
|---|---|---|
| 1 | 坍落度（mm） | 250 |
| 2 | 坍落扩展度（mm） | 700 以上 |
| 3 | 模型试验流过时间（s） | 5～10 |
| 4 | 模型试验高差（mm） | ≤3 |
| 5 | 配筋模型试验骨料差 | ≤10% |

（3）原材料选用

C60SCC 属于高强度自密实混凝土，冬期对 SCC 施工有利有弊，有利方面在于气温低，性能损失慢，不利方面在于防冻剂掺加量较大。综合多方面因素，决定粉体体系采用水泥＋粉煤灰＋矿渣的胶凝材料双掺，既保证强度，又控制水泥用量和总粉体量。原材料主要性能指标见表 4-2-6。

**原材料主要性能指标** 表 4-2-6

| 序号 | 材料名称 | 性　能 |
|---|---|---|
| 1 | 水泥 | 北京水泥厂 P.O42.5 低碱，28 天强度 57.0MPa |
| 2 | 粉煤灰 | 石景山热电厂Ⅱ级，需水量比为 101%，烧矢量为 3.6% |
| 3 | 矿渣 | 首钢嘉华建材有限公司 S95 级矿粉，密度 2.88g/cm³，活性指数 7d 为 67%，28d 为 100%，流动度比 112%，烧矢量为 0.02% |

| 序号 | 材料名称 | 性　　能 |
|---|---|---|
| 4 | 防冻剂 | 西卡公司生产的聚羧酸系列泵送防冻剂，减水率27%，混凝土抗压强度比7d为129%，28d为116% |
| 5 | 砂 | Ⅱ区中砂，细度模数2.9，含泥量2.0%，泥块含量0.9% |
| 6 | 石 | 5～20mm连续级配，含泥量1.0%，泥块含量0.4%；针片状含量0.7%，压碎指标值4.6% |

（4）配合比确定

经过初期配合比的设计，试验试拌后性能测试及调整，确定配合比见表4-2-7；其中含气量3%，水胶比0.29，砂率48%。

**C60自密实混凝土配合比**　　　　表4-2-7

| 材料名称 | 水泥 | 水 | 砂 | 石 | 粉煤灰 | 矿渣 | 外加剂 | 合计 |
|---|---|---|---|---|---|---|---|---|
| 用量（kg） | 400 | 161 | 806 | 878 | 84 | 111 | 14.28 | 2427 |
| 表观密度（kg/m³） | 3100 | 1000 | 2650 | 2700 | 2200 | 2880 | 1200 | |
| 材料体积（L） | 129 | 161 | 304 | 325 | 38 | 39 | 1 | 997 |

经试验测得新拌C60SCC性能指标值见表4-2-8。

**C60自密实混凝土性能试验**　　　　表4-2-8

| 序号 | 项　　目 | 指　　标 |
|---|---|---|
| 1 | 坍落度（mm） | 260 |
| 2 | 坍落扩展度（mm） | 700 |
| 3 | 模型试验流过时间（s） | 7 |
| 4 | 模型试验高差（mm） | 3 |
| 5 | 配筋模型试验骨料差 | 8% |
| 6 | 保塑性能 | 2h损失不明显 |
| 7 | 强度 | 7d：51MPa；28d：74MPa |

（5）浇筑施工时拌合物性能

C60SCC从搅拌站经过30min运输到施工现场，并经过1.5h的浇筑施工，混凝土的自密实性能较好，为稳妥起见，对模板进行了辅助敲打。

（6）硬化混凝土质量

拆模后硬化混凝土外观质量较好，无蜂窝麻面；混凝土28d标养强度达到了设计强度的128%，实现了施工前制定的预期目标。

2. 地下通道加固改建工程中的应用

（1）工程概况

健翔桥北通道桥位于八达岭高速公路主路与北四环路相交处北侧，通道桥长52.83m，主通道净宽5m，净高2.6m，长36m。该通道建成于1998年底，由于高速公路过往车辆多，交通频繁致使该通道受损严重。主要问题是预制盖板铰缝破坏严重，出现大量碎落现象，板缝间渗水，沉降和挠曲变形使部分顶板之间出现错台等。经过有关部门进行相关检测后，决定对该通道实施加固改建。改建方案的基本思路是在现通道桥内，衬浇一混凝土框架，混凝土计划用C35自密实混凝土。

（2）确定混凝土的性能指标

新拌混凝土：混凝土强度等级为C35P6，边墙混凝土坍落度不小于250mm，扩展度不小于550mm，顶板坍落度不小于260mm，扩展度不小于650mm。间隙通过性不大于10S，高差不大于10mm，抗分离性不大于5%，2h内无坍落度损失。

硬化混凝土：最终强度不小于115%$f_{cu,k}$，7d标养强度不小于90%$f_{cu,k}$，耐久性良好（碱含量、氯离子含量符合有关规定，无显著收缩）。

（3）配合比设计

按照配合比设计的有关规范要求，参考我厂自密实混凝土的历史资料，初步确定两种混凝土的配合比见表4-2-9。

混凝土配合比

表4-2-9

| 序号 | 部位 | 强度等级 | 水灰比 | 砂率（%） | 每立方米混凝土材料用量（kg） | | | | | | | |
|---|---|---|---|---|---|---|---|---|---|---|---|
| | | | | | 水泥 | 水 | 砂 | 石 | 外加剂 | 掺合料 | 膨胀剂 | 纤维 |
| 1 | 边墙 | C35P6 | 0.45 | 50 | 293 | 187 | 858 | 858 | 21.33 | 176 | 64 | |
| 2 | 顶板 | C35P6 | 0.37 | 47 | 357 | 186 | 778 | 877 | 23.78 | 166 | 71 | 1.0 |

（4）混凝土试配性能结果

新拌混凝土除进行了常规自密实性能试验外，还进行了含气量测定，检测结果含气量在 2‰～3‰。并且从观察到的现象看，新拌混凝土在搅动过程中气泡较多，流动性很好，一旦停止搅动，内部气泡会很快逸出。这样的特点能提高混凝土的可泵性，而又不影响其密实性。由于时间有限，没有对混凝土的收缩性能进行试验，但从强度试件和抗渗试件观察，没有发现不利收缩。试配结果见表 4-2-10。

**配合比试验结果**　　　　　　　　　表 4-2-10

| 配比序号 | 坍落度(mm) | 扩展度(mm) | 模型一试验 | | 模型二试验 | | 强度（MPa） | | | 抗渗性 |
| --- | --- | --- | --- | --- | --- | --- | --- | --- | --- | --- |
| | | | 流过刻度时间(s) | 高度差(mm) | 高度差(mm) | 粗骨料含量变化(%) | 7d | 14d | 28d | |
| 1 | 260 | 620 | 9 | 4 | 7 | 5 | 36.5 | 44.6 | 48.4 | P8 合格 |
| 2 | 270 | 650 | 7 | 2 | 6 | 4 | 34.8 | 42.5 | 46.8 | P8 合格 |

（5）工程效果

该工程于 2003 年 12 月初开始准备，在用普通混凝土浇筑完底板后，于 12 月 11 日第一次用自密实混凝土浇筑南面边墙，12月 17 日浇筑北面边墙，浇筑过程中没有进行振捣，混凝土迅速填充整个模板，除了泵管转换位置时间稍长，整个施工过程很快。3d 后拆模，拆模时混凝土同条件试件强度达到 20MPa 以上，外观光滑，无大的气泡和漏浆，总体质量明显优于普通混凝土。

顶面部分混凝土浇筑于 12 月 26 日夜间进行，为保证各部位均能充分密实，最后浇筑阶段提高泵压进行挤压。顶板混凝土由于拆模后就要直接承受荷载，因此须等到混凝土达到设计强度的 100% 方能拆模。经过施工人员在通道内升温养护（通道内平均温度 20℃），混凝土 7d 的同条件试块（未经振捣，同条件养护）达到 36MPa，符合要求，进行拆模。拆模后各部位密实，混凝土表面光洁美观，无需做修补。混凝土免振试件经过 28d 标准养护达到设计强度的 125%。

## 4.2.10 常见问题、原因分析及处理措施

常见问题、原因分析及处理措施表　　　表 4-2-11

| 序号 | 所处阶段 | 常见问题 | 原因分析 | 处理措施 |
|---|---|---|---|---|
| 1 | 新拌混凝土 | 流动性能损失，影响自密实性能 | ①水泥中水化速度快的成分含量较多。②外加剂缺乏延缓坍落度损失的性能。③体系中水泥等快速水化反应物质含量较多。④环境温度高，加速了坍落度损失。⑤混凝土运输、浇筑等环节出现停顿，致使超出了混凝土原有保塑时限 | ①选择 $C_3A$、$C_4AF$ 及碱含量相对低的水泥。②调整外加剂性能（加添加缓凝成分），保证与所用水泥相适应并拥有持续的保塑能力。③合理利用掺合料的坍落度损失抑制作用。④控制施工时的温度，选择温度适宜的时间段施工。⑤严密施工组织，使施工顺畅进行。⑥必要时采用外加剂后掺方法，但要做好后掺方案的试验。⑦施工时可实施必要的敲打等辅助密实方法，有利于消除坍落度损失的影响 |
| 2 | | 由于用水量发生偏差、控制不准导致混凝土离析 | ①搅拌计量器具，特别是水和外加剂称计量不准确。②砂石料含水率变化较大而没有及时调整混凝土用水量。③运输车接混凝土前里面含有积水。④工人私自往混凝土中加水。⑤外加剂掺量超过或接近其饱和点，混凝土对水量变化敏感 | ①加强搅拌计量设备标定，保证水量的计量准确性。②加大砂石料含水率的测定频率。③加强砂石料场上料目测控制，尽量使每次砂石料含水相同。④加强混凝土运输管理，做好接混凝土前运输车的积水检查与控制。⑤加强施工人员教育与管理，并在现场派驻人员监督控制。⑥做好外加剂掺量试验，合理确定其掺量 |

| 序号 | 所处阶段 | 常见问题 | 原因分析 | 处理措施 |
|---|---|---|---|---|
| 3 | 新拌混凝土 | 外加剂性能不稳定,产生波动 | ①外加剂供货厂家技术力量薄弱,信誉差。<br>②签定的供货合同未明确技术质量要求及职责。<br>③对外加剂的质量监测频率少,手段单一。<br>④温度或储存条件对外加剂的成分、性能产生了不利影响 | ①选择信誉好、技术力量雄厚、供货能力强的外加剂生产厂家,并签定内容包括详细技术质量要求及违约责任的采购合同。<br>②进场用于 SCC 的每车外加剂都做净浆流动度和密度检测,简易评价和监测其减水效果和掺量。<br>③掌握并满足外加剂储存与使用的环境条件与要求 |
| 4 | 硬化混凝土 | 产生表面裂纹或裂缝 | ①结构设计原因,如受力部位配筋不合理。<br>②体系粉体含量高,起骨架作用的骨料含量较少。<br>③水泥水化热过大,温升或降温过快 | ①结构设计中改善受力状态,加强薄弱部位的配筋。<br>②采用具有防裂性能的水泥。<br>③掺用防裂外加剂。<br>④使用具有防止混凝土产生裂纹的新型材料,如防裂纤维等。<br>⑤加强混凝土硬化时期的湿养护。<br>⑥控制水化温升,做好保温措施,减小温差 |

# 4.3 混凝土耐久性技术

耐久性是指建(构)筑物长期满足设计安全和使用要求的性能,或者说是一个构件或整个结构在某一特定的环境和时间段内能够长久地保持其性能的性质。混凝土结构若耐久性不足,不仅影响正常使用,增加使用过程中的修理费用,而且会提前报废,严重浪费资源。由于许多工程没有提出耐久性的要求,已建成的结构物在耐久性方面存在潜在的隐患很多。例如,洪定海等调查华南地区使用 7～25 年的 18 座海港码头、引桥,其中有腐蚀破坏的占 89％，1995 年对浙江某沿海城市的 22 座使用 20 余年的海港工程调查发现基本完好的仅占 8.7％。因此，采取混凝土结构耐久性设计，使其满足预定的使用功能和服务年限，应受到重视和关注。在国际上，早在 20 多年前，衡量结构性能的工作就已经开始逐渐扩展到材料和结构的耐久性上，开始相应的研究。

90 年代初，以提高混凝土耐久性为首要目标的高性能混凝土的出现，使建造高耐久性混凝土工程成为现实，已建成并投入使用的高耐久性工程有：香港青马大桥（1997 年建成，设计寿命 120 年）、丹麦大贝尔特海峡工程（1997 年建成，设计寿命 100 年），加拿大联盟大桥（1997 年建成，设计寿命 100 年）、北京东方广场工程（1998 年建成，设计寿命 100 年）。正在建设中的三峡工程，设计寿命 500 年。美国 1 座名为 Kauai 教堂的混凝上阀形基础，1999 年施工，其设计寿命高达 1000 年。

### 4.3.1 混凝土结构耐久性设计总体要求

2004 年出版的土木工程学会标准《混凝土结构耐久性设计与施工指南》（CCES01—2004）为混凝土耐久性设计提供了总体依据和指导。

1. 混凝土材料选用基本要求

（1）对不同环境类别及结构设计使用年限，混凝土应满足最低强度等级、最大水胶比最大氯离子含量、最大碱含量等要求。

（2）选用低水化热和含碱量偏低的水泥，尽可能避免使用早强水泥和高 $C_3A$ 含量的水泥。

（3）选用坚固性好、级配合理、粒形良好的洁净骨料。

（4）细骨料不宜用海砂，当受条件限制需用海砂时，海砂带入混凝土中的氯离子含量，对于普通钢筋混凝土不宜大于干砂质量的 0.06％，而且对新拌混凝土要取样检测氯离子含量，竣工验收时必须取芯检测氯离子含量；对于预应力混凝土及重要的钢筋混凝土工程应严禁使用海砂。

（5）拌合用水宜用城市供水系统的饮用水，当用其他水源时，应进行水质化验，符合要求才可使用，严禁使用海水。

（6）使用优质矿物掺合料，混凝土掺合料宜用磨细高炉矿渣、粉煤灰、硅灰等，掺合料的品质应符合现行国家标准，掺量应通过试验确定。

（7）使用的高效减水剂或复合高效减水剂，质量应符合现行国家标准，使用前按推荐掺量进行混凝土试配，检测合格后才能使用。

（8）钢筋混凝土及预应力混凝土的胶凝材料总量不宜高于 $400kg/m^3$（≤C30 时）、$450kg/m^3$（C35～C55 时）和 $500kg/m^3$（≥C60 时）。

（9）耐久性要求较高的混凝土结构，在正式施工前，宜进行混凝土的抗裂性能试验。

2. 配合比参数的基本要求

配筋混凝土的最低强度等级、最大水胶比和单方混凝土胶凝材料的最低用量宜满足表 4-3-1 的规定。单方混凝土的胶凝材料总量不宜高于 $500kg/m^3$（其中水泥约 $350kg/m^3$）。大掺量矿物掺合料的混凝土水胶比宜控制在 0.45 以下，并不应大于 0.5。

**最低强度等级、最大水胶比和胶凝材料最小用量（kg/m³）**

表 4-3-1

| 设计使用年限级别 | | 100 年 | 50 年 | 30 年 |
|---|---|---|---|---|
| 环境作用等级 | A | C30，0.55，280 | C25，0.60，260 | C25，0.65，240 |
| | B | C35，0.50，300 | C30，0.55，280 | C30，0.60，260 |
| | C | C40，0.40，320 | C35，0.50，300 | C35，0.50，300 |
| | D | C40，0.40，340 | C40，0.45，320 | C40，0.45，320 |
| | E | C45，0.36，360 | C40，0.40，340 | C40，0.40，340 |
| | F | C50，0.32，380 | C45，0.36，360 | C40，0.36，360 |

3. 施工、检测与维护

混凝土结构施工质量及使用中维护程度也是保证混凝土结构耐久性的一部分，故对此也应作出必要的规定。

（1）施工要求

1）混凝土配合比设计应满足强度等级、工作性和耐久性要求。

2）在混凝土浇筑过程中，应控制混凝土的均匀性和密实性。

3）在混凝土养护过程中，应控制混凝土处在有利于水化、硬化及强度增长的温度和湿度环境下，并对混凝土长期性能无不利影响。

4）保证钢筋的混凝土保护层厚度尺寸和钢筋定位的准确性。

5）环境条件严酷时，对预应力钢筋、锚具、连接器及孔管应采取专门防护措施，并符合设计使用寿命的要求；封闭预应力锚具的混凝土质量应高于构件本体混凝土，水胶比不大于 0.4，厚度大于 90mm。

6）混凝土构件拆模后，表面不得留有螺栓、拉杆、铁钉等铁件；因设计要求设置的金属预埋件，裸露部分必须进行防腐处理。

7）进行混凝土表面涂层或混凝土表面硅烷浸渍等混凝土表面防腐蚀附加措施施工时，混凝土的龄期不应少于 28d，或混凝土修补后不少于 14d，混凝土表面温度不低于 5℃，施工应在无雨的天气进行，并按施工工艺施工，质量符合相应标准。环氧涂层钢筋及钢筋阻锈剂的使用及施工应符合相应标准。

8）在海水、盐土及化学腐蚀环境中施工时，严禁施工用水与建筑场地原土接触；并应避免雨水、废水从场地流入施工基坑；尽可能推迟新浇混凝土与腐蚀物质直接接触的龄期，一般不宜小于 6 周，而且混凝土浇筑 14d 之内不应受到海水、含盐水或含化学腐蚀物液体的直接冲刷。

9）混凝土结构质量检验要求：测定现场混凝土保护层的实际厚度，合格点率应满足相应的规定；根据设计要求测定混凝土的电参数、氯离子扩散系数、（抗冻）耐久性指数 DF 或含气量等。

（2）检测与维护

1）设计应提出结构使用年限内的定期检测的具体要求。第一次检测需在结构竣工使用后的 3～5 年内进行，并根据测试结果对结构耐久性作出评估；以后应定期检测。

2）重要工程应在设计阶段作出结构全寿命检测的详细规划，并在现场设置专供检测取样用的构件，必要时可在结构构件的代表性部位上设置传感元件以监测锈蚀发展。

3）根据检测结果及时对结构进行养护、维修或更换部分构件。

（3）混凝土防腐蚀附加措施及试验方法

1）混凝土防腐蚀附加措施包括：混凝土表面涂层和防腐蚀面层、钢筋阻锈剂、涂层钢筋和耐蚀钢筋。

2）混凝土结构耐久性试验方法包括：混凝土抗氯离子渗透性标准（ASTM C1202）试验方法、交流电测量混凝土抗氯离子渗透性试验方法、混凝土氯离子扩散系数快速测定 RCM 方法、抗冻性能试验方法及拌合物含气量试验方法。

## 4.3.2 影响混凝土耐久性的因素

影响混凝土耐久性的因素复杂有属于外部环境作用的原因，也有混凝土自身内在的原因。属于外部环境作用的原因主要有：环境氯盐侵蚀或环境酸性气体引起混凝土碳化造成的钢筋锈蚀，混凝土冻融损伤，环境酸、碱、硫酸盐的化学侵蚀及其他损伤等；属于内部原因的主要是碱骨料反应以及混凝土本身质量差异导致低于环境侵蚀能力差等。混凝土耐久性差，一般是多种因素共同作用的结果。在上述所有的原因中，钢筋混凝土是混凝土结构最常见和最严重的耐久性问题，尤其以氯盐腐蚀造成的耐久性问题最普遍，危害性最大。下面先以抗氯盐腐蚀高性能混凝土为例，具体介绍一下高性能混凝土的耐久性技术，再分别就碱骨料反应，冻融等方面做一些补充。

1. 氯盐腐蚀

（1）主要技术内容

抗氯盐腐蚀高性能混凝土是指使用混凝土常规材料、常规工艺，以较低水胶比、适当掺入优质掺合料和较严格的质量制作的高耐久性、高尺寸未定型、良好工作性及较高强度的混凝土。

由于配制抗氯盐腐蚀高性能混凝土掺加了适当品种和数量的活性掺合料，如硅粉、粉煤灰、磨细矿渣粉等，这些活性掺合料均具有水化活性，可以直接进行水化或与水泥的水化产物进行水化反应，所生成的水化产物不仅可以改善水泥石的孔结构，而且其水化产物可以结合和吸附部分渗入的氯离子，从而可以显著提高混凝土的抗氯离子渗透性能。因配制时选用了与水泥、掺合料相匹配的高效减水剂，也使混凝土在低水胶比时既能获得良好的施工工作性，也能获得较高的强度。

抗氯盐高性能混凝土具备如下性能特点：

1）高耐久性。这是氯盐腐蚀环境下高性能混凝土最重要的性能。随着人们对氯盐腐蚀环境下混凝土材料劣化及危害的认识，则高性能混凝土应具有 50 年以上甚至达 100 年的使用寿命，而不是普通混凝土所要求或只能达到的 30 年左右。

2）良好的物理力学性能。高性能混凝土应具有满足设计要求的强度，同时应具有良好的体积稳定性。即高性能混凝土除应具有较高的强度外，其变形、收缩、抗裂等性能不应低于普通混凝土。

3）高工作性。高性能混凝土除应具有满足施工环境和施工条件、工艺要求的工作性随着工程大型化、工业化，使用难度和施工技术要求越来越高，只有工作性好的混凝土拌合物，才能制作出均匀密实、耐久性好的混凝土。

**抗氯盐腐蚀高性能混凝土的性能** 表 4-3-2

| 名　　　称 | 水胶比 | 混凝土坍落度（mm） | 28d 抗压强度（MPa） | 90d 抗氯离子渗透性（C） | 90d 扩散系数（$\times 10^{-8} cm^2/s$） |
|---|---|---|---|---|---|
| 普通混凝土 | 0.35 | 160～200 | ＞60 | 1218 | 5.6 |
| 掺粉煤灰高性能混凝土 | 0.35 | 160～200 | 50～60 | 416 | 2.56 |
| 掺矿粉高性能混凝土 | 0.35 | 160～200 | 50～60 | 383 | 0.93 |
| 掺硅灰高性能混凝土 | 0.35 | 160～200 | ＞60 | 517 | 1.73 |

由于抗氯盐高性能混凝土具有比普通混凝土显著高的抗氯离子渗透性能（表4-3-2），因此，它是防止或延缓处于氯盐污染环境的混凝土结构发生钢筋腐蚀的最有效手段。它适用于海工工程、撤除冰盐的路桥工程、处于盐湖或盐碱地区的钢筋混凝土工程。我国交通部《海港工程混凝土结构防腐蚀技术规范》（JTJ 275—2000）将高性能混凝土作为海港工程混凝土结构防止钢筋锈蚀的首选措施，特别是处于腐蚀最严重的浪溅区混凝土构件，宜首选高性能混凝土。

（2）配合比设计及技术指标

抗氯盐高性能混凝土更突出了耐久性性能，且在某种施工条件下要求有更高的工作性能，因此配制高性能混凝土时，必须充分了解原材料各组分的性能、相互作用及对混凝土综合性能的影响，才能采用常规材料、常规工艺配制出满足工程技术要求且经济的高性能混凝土，否则很难配制出理想的高性能混凝土，否则将造成不必要的成本增加。

1）配合比设计原则

高性能混凝土配合比设计应符合下列规定：

①配合比设计应采用试验——计算法，其配制强度确定原则应与普通混凝土相同，即强度保证率为95％。

②粗骨料最大粒径不宜大于25mm。这有利于保证混凝土的均匀性、强度和抗氯离子渗透性。

③通过试验证明，减水剂与所采用的水泥必须匹配。

④胶凝材料浆体体积宜为混凝土体积的35％左右。主要为了保证高性能混凝土具有较高的尺寸稳定性。

⑤应通过试验确定最佳砂率。

⑥应通过降低水胶比和调整掺合料的掺量，使抗氯离子渗透性和强度指标满足规定要求。

2）配合比设计基本方法

高性能混凝土配合比设计主要遵循以下基本方法：

①采用单掺或混掺活性掺合料方法，如单掺或混掺粉煤灰、

矿渣粉、硅灰及调整掺量等技术手段以提高混凝土的抗氯离子渗透性能。其掺量应通过试验确定。

②采用高效减水剂以尽量减小混凝土的水胶比，从而提高混凝土的密实性、强度和抗氯离子渗透性能。

③严格控制原材料的品质，在单掺或混掺活性掺合料、采用高效减水剂的基础上，合理调整混凝土的配合比参数，使配制的混凝土具有良好的工作性能。

④采用试验——计算法进行配合比设计和调整。

⑤按上述设计原则进行配合比设计，并结合其他参数如砂率、单位体积用水量、外加剂掺量等进行试拌合配合比调整，以配制出具有良好工作性的混凝土拌合物，经标准养护—定龄期后测定其力学性能和耐久性指标，由测得的综合性能，确定实验室配合比。

配制高性能混凝土时，在材料品种、用量和配合比参数的选取上，应充分掌握各种因素对混凝土性能的影响，结合工程具体要求加以选取。

3）抗氯盐高性能混凝土的技术指标

由于抗氯盐高性能混凝土要求具有较高的抗氯离子渗透能力，我国交通部于 2001 年颁布实施的《海港工程混凝土结构防腐蚀技术规范》（JTJ 275—2000），首次将高性能混凝土引入海港工程行业，并将高性能列为提高海港工程混凝土耐久性的首选措施。表 4-3-3 技术指标列出了对海港工程高性能混凝土规定的技术指标。

技 术 指 标　　　　　　　表 4-3-3

| 混凝土拌合物 | | | 硬化混凝土 | |
|---|---|---|---|---|
| 水胶比 | 胶凝物质总量（kg/m³） | 坍落度（mm） | 强度等级 | 抗氯离子渗透性（C） |
| ≤0.35 | ≥500 | ≥120 | ≥C45 | ≤1000 |

（3）施工与质量控制

由于高性能混凝土是采用常规材料配制生产和常规工艺施

工，总体上来讲，高性能混凝土的生产和施工与普通混凝土相同。但是由于高性能混凝土的综合性能要求高，对混凝土生产和施工过程中的质量控制具有较高的要求。

1) 原材料质量控制：混凝土是一种复杂的多组分的非均质材料，影响混凝土性能的因素也是非常复杂的，对于高性能混凝土来讲，由于需要掺较多活性掺合料，以及为满足工作性需要掺用复合的高效减水剂，其材料组分比普通混凝土更为复杂。原材料不同的高性能混凝土，其物理力学性能、工作性能及耐久性将会有较大的差异。

胶凝材料是影响高性能混凝土性能的主要因素，而对要满足耐久性为主和较高强度要求的高性能混凝土，除水泥外，掺合料的品质和质量，尤其是掺合料的质量稳定性最为重要。从产品生产质量控制来讲，我国对掺合料的产品质量控制不如水泥那样严格，往往导致不同批次的掺和料在质量上有较大的差异。当掺合料质量变化较大时，将首先反映在混凝土拌合物工作性上有较大的波动，最终将反映在混凝土力学性能和耐久性能的差异。

配制高性能混凝土，应选用坚硬、高强、密实而无孔隙的优质骨料。对细骨料要求使用中粗砂，且级配良好、含泥量少；粗骨料在混凝土中起骨架作用，要优先采用抗压强度高的粗骨料，骨料应为表面粗糙利于水泥浆界面粘结的碎石，且最大粒径不宜大于 25mm。

高效减水剂对胶凝材料有强烈的分散作用，随着高效减水剂技术的发展和高效减水剂减水率的提高，减水率已提高到 25％甚至 35％以上。高效减水剂的增强效果已相当显著，对于高性能混凝土来讲，更重要的是掺高效减水剂后混凝土的坍落度损失问题，这就要求高效减水剂与复合了水泥和掺合料的胶凝材料有好的相容性，只有既具备了高的减水率、同时又能与胶凝材料相匹配的高效减水剂，才能配制出工作性好、易施工、较密实、体积稳定的高性能混凝土。

因此，原材料质量合格和质量稳定性是保证高性能混凝土质量的重要因素。高性能混凝土施工，应建立严格的原材料质量检验制度。

2）拌制：混凝土拌制的目的，除了按设定的配合比达到均匀混合以外，还要达到强化、塑化的作用。

高性能混凝土由于水胶比较小，同时掺入掺合料的细度比水泥细，所以，高性能混凝土对单位体积的用水量较为敏感。因此，高性能混凝土拌制时对水和外加剂的称量偏差的规定比普通混凝土严格，表 4-3-4 高性能混凝土原材料称量允许偏差为《海港工程混凝土结构防腐蚀技术规程》（JTJ 275—2000）规定的高性能混凝土原材料称量允许偏差。

高性能混凝土原材料称量允许偏差　　表 4-3-4

| 原材料名称 | 允许偏差（%） | 原材料名称 | 允许偏差（%） |
|---|---|---|---|
| 水泥、掺合料 | ±2 | 水、外加剂 | ±1 |
| 粗、细骨料 | ±3 | | |

不同的拌合方式与投料程序，对混凝土拌合的均匀性有较大的影响，高性能混凝土拌合物比较黏稠，为了保证混凝土搅拌均匀，必须采用性能良好、搅拌效率高的行星式、双锤式或卧轴式强制式搅拌机，搅拌机中磨损的叶片应及时更换。高性能混凝土拌合物宜先以掺合料和细骨料干拌，再加水泥和部分拌合用水，最后加骨料、减水剂溶液和余额拌合用水，搅拌时间应比常规混凝土延长 40s 以上。

3）浇筑：高性能混凝土的工作性好坏，直接关系到混凝土的密实性、强度和耐久性，高性能混凝土在浇筑时，应不离析、不分层，并能保证施工所要求的稠度。

混凝土的保护层厚度是影响耐久性的重要技术指标，浇筑前应仔细检查模板、钢筋、预埋件、预留孔、保护层垫块等的位置、规格和数量，对于浪溅区构件，保护层厚度不得有负偏差。

高性能混凝土应采用高频振捣器振捣至混凝土顶面基本上不冒气泡，当混凝土浇筑至顶面时，宜采用二次振捣及二次抹面。

对于流动性大的高性能混凝土，振捣时应注意不能过振，以防止骨料下沉引起的混凝土，不均匀现象。混凝土振捣、抹面后，应刮去表面浮浆，确保混凝土的密实性。

对于大体积或夏期炎热天气施工时，应对高性能混凝土的浇筑温度、最大温升和内外温差进行控制。

近年来，一些新材料、新技术的出现和应用，可提高混凝土施工技术，保证工程质量。如采用工程材料保护层垫块，可克服普通砂浆垫块易偏位、松脱的现象，从而可严格控制混凝土的保护层厚度达到设计要求；由塑料或合成纤维编织布制成的、附着于模板内具有透水、透气功能的透水模板，不仅可使混凝土表层水胶比降低，明显提高混凝土构件表层混凝土抗氯离子渗透性和强度，而且可提高混凝土的抗裂性和显著改善混凝土表面质量。

4）养护：养护质量对确保高性能混凝土质量非常关键，特别是对于掺入掺合料的高性能混凝土的耐久性影响十分明显。大量试验研究证明，因为掺合料的水化滞后效果，如果养护不够，掺合料不能充分完成水化反应，使高性能混凝土的潜在高性能优势不能充分发挥，从而达不到应有的高耐久性。

据研究结果证明，混凝土潮湿养护时间对混凝土抗氯离子渗透性有非常明显的影响，特别是早期养护影响较大，潮湿养护7d 的电通量比潮湿养护 28d 的增大将近一倍，潮湿养护 15d 后，随养护时间延长，电通量值降低的幅度不大。

因此，高性能混凝土抹面后，应立即覆盖，防止水分散失。终凝后，混凝土顶面应立即开始持续潮湿养护。拆模前 12h，应拧松侧模板的紧固螺帽，让水顺模板与混凝土脱开面渗下，养护混凝土侧面。整个养护期间，尤其从终凝到拆模的养护初期，应确保混凝土处于有利于硬化及强度增长的温度和湿度环境下。常温下，应至少养护 15d，气温较高时，可适当缩短养护时间；气温较低时，应适当延长养护时间。

5）目前常用的防护措施，见表 4-3-5。

氯盐环境下钢筋防腐蚀常用技术措施　　　表 4-3-5

| 防护种类 | 措　施　内　容 |
|---|---|
| 钢筋材质与钢筋涂层 | 环氧涂层钢筋 |
| | 镀锌钢筋 |
| | 耐蚀合金钢钢筋 |
| | 不锈钢钢筋 |
| 混凝土外加剂、掺合料 | 钢筋阻锈剂 |
| | 硅灰、其他外加剂、密实剂、纤维添加料等 |
| 混凝土表面封闭、涂层 | 硅酮类 |
| | 涂料 |
| | 聚合物灰浆 |
| | 其他隔离、砌筑层 |
| | 聚合物浸渍 |
| 电化学方法 | 阴极保护、电化学除盐 |
| 设计 | 选材、结构设计、水灰比、混凝土保护层厚度、排水系统、防护方案选择 |
| 施工 | 固化与养护、温度与裂缝控制、严格规范施工 |
| 维护 | 裂缝修补、清洗排水 |
| 综合措施 | 以上两项或多项措施联合使用 |

## 2. 碱骨料反应（ASR）

碱骨料反应，是骨料中的活性矿物与混凝土中的碱性细孔溶液之间的化学反应，由于这种反应，混凝土内部局部发生体积膨胀，使混凝土产生裂纹。虽然碱骨料反应直接导致的灾难性结构失效不多，但该膨胀性反应引起的裂缝会显著加速混凝土的其他劣化过程，如硫酸盐侵蚀等。

对于碱骨料反应，重在预防。主要是在原材料方面避免使用活性骨料，如果只有活性骨料，应使用低碱水泥、矿物掺合料或限制混凝土中碱含量。为了提高混凝土的抗裂性，水泥的碱含量（按 $Na_2O$ 当量计），不宜超过 $0.6\%$，或混凝土内的总含碱量不超过 $350m^2/kg$，矿物掺合料中的碱含量应以其中的可溶性碱计算。

我国目前规范、标准中对预防碱骨料反应都有相应的规定。

建设部行业标准《普通混凝土用砂质量标准及检验方法》（JGJ 52—92），《普通混凝土用碎石或卵石质量标准及检验方法》（JGJ 53—92）（自 1993 年 10 月 1 日起实施）中规定，对重要工程中使用的砂、石的碱含量需做检测，此条文已被列入 2002 年版的"工程建设标准强制性条文"。中国砂石协会组织编写的 GB/T 14684—1993，GB/T 14685—1993 两项国标中专门有对于粗、细骨料的技术要求，即不允许骨料有超过限值的膨胀活性，其试验方法与 JGJ 52，JGJ 53 类似，为 180d 的砂浆棒法。新版《建筑用砂》GB/T 14684—2001，《建筑用卵石、碎石》GB/T 14685—2001 已于 2002 年 2 月 1 日起实施，在骨料活性的检测方法上新增了"快速碱性活性试验方法"。南京工业大学起草的《混凝土碱含量限值标准》（CECS 53∶93），根据不同环境提出了混凝土中碱含量的限制。北京市颁布的《预防混凝土工程碱集料反应技术管理规定》（试行）根据骨料活性程度、工程所处环境等提出了预防碱骨料的措施。此外我国水工、铁路、交通等部门各自的规范中也都有检测骨料碱活性的条款。这些在进行混凝土耐久性定量化设计时，都可作为参考。

目前常用的试验方法有化学法、岩相法、180d 的砂浆棒法等。

3. 抗冻融循环

混凝土建筑物所处环境凡是有正负温交替、混凝土内部含有较多水的情况，混凝土都会发生冻融循环，以致疲劳破坏。

我国混凝土整体耐久性偏低，现有的抗冻等级不能满足结构长期耐久安全运行的要求。混凝土工程中凡是出现正负温交替的地区，均存在有混凝土冻融破坏问题，而且以东北、华北、西北地区较为严重。工程类别中又以水工、港工、路桥较为突出。

根据统计资料分析推定，我国不同地区可能出现的年平均冻融循环为东北地区 120 次/年，华北地区 84 次/年，西北地区 118 次/年，华中地区、18 次/年，东北地区近于华北和华中地区，华南地区基本为无冻区。

（1）对原材料的要求

1）水泥品种：水泥品种应采用硅酸盐和普通硅酸盐水泥，在抗冻设计登记上小于 F100 的温和地区也可采用矿渣硅酸盐水泥，水泥强度等级一般应为 42.5，温和地区可采用 32.5。

2）外加剂：凡是有抗冻等级的混凝土，应掺用优质引气剂或引气减水剂，引气剂和引气减水剂的质量必须符合《混凝土外加剂》（GB 8076—1997）的要求。

3）骨料：必须采用清洁和坚固密实的砂石骨料。

4）矿物掺合料：有抗冻等级要求的混凝可以掺用Ⅰ、Ⅱ级粉煤灰，粉煤灰掺量以不超过胶凝材料总量的 30% 为宜。

（2）技术指标

美国、日本等国在混凝土抗冻性设计要求上，实行了统一模式制，即无论环境条件如何，混凝土耐久性的要求就是 300 次冻融循环，相对耐久性指标≥80%（统一模式制）；欧洲和我国等都是根据建筑物所处的环境条件设立不同抗冻等级的设计要求（等级模式制）。等级模式制是指条件严酷的地区，抗冻等级高，温和地区抗冻等级低，满足一定抗冻等级的混凝土的技术条件，主要有混凝土中的含气量、水灰比、最低水泥用量这 3 个指标。

（3）配合比要求

主要是混凝土的含气量、水胶比以及硬化混凝土的气泡间距系数。根据中国水利院和国内各部门的研究成果，达到一定抗冻等级混凝土配合比方面的 3 项技术要求见表 4-3-6。

技 术 要 求　　　　　　　　　　表 4-3-6

| 抗冻等级<br>（F） | 水胶比<br>（W/C） | 含气量%<br>（A） | 气泡间距系数 $\tau$（μm） | 备　　　注 |
|---|---|---|---|---|
| 800～1000 | ≤0.35 | 5.5～6.0 | <300 | 1. 非引气混凝土 C80 高强混凝土的抗冻等级可达 F800～1000；C70 高强混凝土的抗冻等级可达 F500～600；C65 高强混凝土的抗冻等级可达 F300。<br>2. 混凝土含气量均以骨料粒径≤40mm 时，混凝土的测值为准（骨料粒径大于 40mm 时可用湿筛法） |
| 500～600 | ≤0.45 | 5.0±0.5 | <350 | |
| 200～300 | ≤0.55 | 5.0±0.5 | ≤350 | |
| 100～150 | ≤0.60 | 4.5±0.5 | <400 | |
| 50 | ≤0.65 | 4.0±0.5 | ≤400 | |

（4）施工质量控制要求

施工时，必须进行混凝土拌合物下料口含气量的测定并做好施工记录，每班测量次数不少于 2 次，其变化范围应控制在 ±0.5％以内。

（5）试验方法

混凝土冻融的室内试验方法，国际上最有代表性的主要有两大类。一类为快冻法，另一类为慢冻法，但慢冻法存在试验周期长、试验误差大等问题，而且以慢冻法为依据的抗冻指标，不能满足混凝土的耐久性要求。因此，目前水工、港工、铁路、公路、市政等部门在设计及试验规程中，均把快冻法列为混凝土的抗冻试验标准。因此在混凝土结构冻融耐久性定量化设计时，也采用快冻法。

### 4.3.3 工程应用实例

1. 三峡工程

（1）耐久性设计

三峡工程是我国第一个采用耐久性原则设计的大型重点工程。标志着混凝土配合比设计已从传统的按强度设计转变为按耐久性设计。

为了提高三峡工程中混凝土的耐久性，从原材料优选、配合比优化方面，进行了大量的试验研究工作，采取了综合技术措施，并加强现场控制，使三峡工程混凝土耐久性得以保证。具体的，通过选用优质缓凝高效减水剂、Ⅰ级粉煤灰及具有微膨胀性质的中热水泥，并掺用引气剂、控制混凝土含气量、采用较小的水胶比、适量增大粉煤灰掺量，降低了花岗岩人工骨料混凝土用水量，减少了胶凝材料用量，降低了绝热温升，减轻了温控负担，提高了混凝土的抗冻、抗渗、变形和抗碳化性能，并采取了限制原材料碱含量和混凝土总碱量等碱骨料反应预防措施，配制出了高耐久的大坝混凝土，并具有良好的施工和易性。经现场精心组织、精心施工，各项质量措施得到有效落实，质量得到有效控制。试验检测结果表明三峡工程混凝土具有优良的长期耐久性。

1）原材料优选及技术要求

①水泥：选用了 42.5 中热硅酸盐水泥，在满足国家标准的基础上，为利用水泥中方镁石延迟性水化膨胀的特点，补偿混凝土降温阶段的收缩变形，以提高混凝土抗裂性能，采用了提高水泥熟料 MgO 含量的技术措施，控制 MgO 含量为 3.5%～5.0%，另外为防止混凝土发生碱骨料反应，对水泥中的碱含量也做了限制，要求水泥碱含量≤0.6%。

②粉煤灰：选用了 I 级粉煤灰，试验表明，混凝土用水量与粉煤灰等级（主要是需水量比）之间存在显著关系，I 级粉煤灰具有减水效果，起到了固体减水剂的作用（掺量 20% 时，减水率为 8% 左右），其火山灰效应、微珠效应及填充效应改善和提高了混凝土拌合物及硬化混凝土性能。另外对 I 级粉煤灰的碱含量也做了从严控制，要求≤1.5%。

③外加剂：采取了缓凝高效减水剂和引气剂联掺使用的方案。为解决三峡工程花岗岩人工骨料混凝土用水量高的难题，主要措施之一就是选用缓凝高效减水剂，且要求其减水率必须大于 18%。所选用的优质引气剂对混凝土抗冻耐久性起到了很重要的保证作用，且引气剂还有 6% 以上的减水率，并可改善混凝土的工作性。

2）配合比优化及技术效果：配合比试验的目的就是使混凝土满足设计指标要求，并有利于现场施工，且经济合理。配合比优化措施主要是将优选的原材料联掺，并缩小水胶比增大粉煤灰掺量，努力降低混凝土用水量，减少水泥用量。水胶比和用水量是影响混凝土强度和耐久性的重要因素，用水量越高、水胶比越大，都会造成混凝土的孔隙率增大，从而强度降低，耐久性变差。另外 I 级粉煤灰除了能降低混凝土用水量，并取代部分水泥外，还能改善混凝土的工作性和孔结构。通过缓凝高效减水剂与引气剂联掺以及使用 I 级粉煤灰，最大限度地降低了混凝土用水量，成功地把Ⅳ级配大坝混凝土用水量由原来的 110kg/m³ 左右降至 85kg/m³ 左右，从而降低了水泥用量。同时通过降低水胶比、加大粉煤灰掺量等多项技术措施，使优化配合比的混凝土各项性能均能满足设计要求，并具有优越的性能，降低了大体积混凝土的绝热温升和干缩，提高了混凝土的抗裂性、体积稳定性和抗冻耐久性等，使三峡工程混凝土实现了大坝高性能混凝土的目标。优化的混凝土配合比，其最大水胶比没有超过 0.55，最大粉煤灰掺量已达 45%。外部混凝土的抗冻性都在 F250 以上。

3）现场控制措施：配合比设计阶段，混凝土抗冻性是在控制湿筛混凝土拌合物含气量为 4.5%～5.5% 条件下进行的，优化的配合比混凝土抗冻性均满足设计要求。施工现场如何保证混凝土的抗冻性，主要在于"事前"和"事中"过程控制。重视对原材料特别是引气剂的验收检验、溶液的配制质量（浓度的准确性和均匀性），控制出机口混凝土含气量而调整引气剂掺量。因三峡工程混凝土主要是通过皮带机和塔（顶）带机从拌合楼输送到浇筑仓面的，且仓面用的是振捣机组成的高频振捣器振捣混凝土，从机口到仓面浇筑好的混凝土含气量存在着一定程度的损失。根据现场跟踪对比试验表明，从机口输送到仓面，混凝土含气量损失 1.0%～1.4%（绝对值），考虑到这一因素，适当提高了出机口混凝土含气量，一般按 5%～6% 控制。作为过程控制，要求每班检测含气量 2 次左右，当发现低于控制值时即通知拌合楼进行调整。并定期取样成型抗冻试件进行混凝土抗冻性试验（主要强度等级混凝土每季度抽检 1 次），以进一步检验是否满足抗冻设计指标要求。

（2）实测混凝土耐久性

在三峡大坝混凝土浇筑过程中，对拌合楼生产的混凝土进行了大量的抽样检测和质量控制，检测结果表明混凝土具有良好的耐久性能。

1）抗冻性能：混凝土抗冻性是混凝土耐久性的主要指标。虽然三峡坝区不是寒冷地区，但为了增强混凝土对自然风化因素的抵抗能力和提高混凝土耐久性，对三峡工程混凝土仍提出较高抗冻性要求，即大坝内部 F100、基础 F150、大坝外部 F250。

三峡工程混凝土抗冻性均达到并超过了设计指标，各部位混凝土抗冻试验结果见表 4-3-1。从试验结果看，在达到设计要求的抗冻等级时其评定指标重量损失率及相对动弹模还有很大的富余，可以判断内部和基础混凝土冻融循环可达 200 次以上，其他部位混凝土冻融次数可达 300 次以上，最高冻融循环次数已达 1250 次，由此可见三峡工程混凝土具有高抗冻耐久性。

**三峡工程各部位混凝土抗冻性、抗渗性试验结果**  表 4-3-7

| 工程部位 | 设计指标 | 水胶比 | 粉煤灰掺量（％） | 抗冻试验结果 | | | 抗渗试验结果 | |
| --- | --- | --- | --- | --- | --- | --- | --- | --- |
| | | | | 抗冻等级 | 质量损失率（％） | 相对动弹模（％） | 抗渗等级 | 渗水高度（mm） |
| 基础 | $C_{90}20F150W10$ | 0.50 | 35 | >F150 | 0.77 | 87.0 | >W10 | 66.2 |
| 内部 | $C_{90}15F100W8$ | 0.55 | 40 | >F100 | 0.59 | 98.7 | >W8（最大>W16） | 54.4（96.7） |
| 外部 | $C_{90}20F250W10$ | 0.50 | 30 | >F250 | 0.56 | 79.5 | >W10（最大>W33） | 79.4（108.3） |
| 水变区 | $C_{90}25F250W10$ | 0.45 | 30 | F250<br>F850 | 0.50<br>3.20 | 93.2<br>53.2 | >W10 | 39.0 |
| | | 0.45 | 20 | >F250 | 1.10 | 88.9 | >W10（最大>W16） | 41.8（68.5） |
| 结构 | C25F250W10 | 0.45 | 25 | F250<br>F400 | 0.19<br>0.64 | 80.0<br>59.8 | >W10（最大>W16） | 45.5（42.7） |
| 抗冲磨预应力结构 | C35F250W10 | 0.35 | 20 | >F250 | 0.00 | 72.9 | >W10 | 21.3 |
| 抗冲磨 | C45F250W10 | 0.30 | 20 | F250<br>F1250 | −0.33<br>1.27 | 96.9<br>67.1 | — | — |
| | | | 10 | F250<br>F550 | 0.54<br>1.87 | 88.0<br>62.9 | >W16 | 32.0 |

2）抗渗性能：在水压力作用下，不密实的混凝土会增加水的渗透性，从而影响混凝土的耐久性。三峡工程各部位混凝土抗渗性试验结果见表4-3-7，从试验结果看，在达到设计要求的抗渗等级时只有很低的渗水高度，有些试件一直做到抗渗仪最大水压力，最大渗水高度只有108.3mm，最大抗渗等级可达W33以上。由此可见，三峡工程混凝土具有高的抗渗性能。

3）抗碳化性能：三峡工程混凝土有部分是结构混凝土，必须考虑混凝土的碳化和钢筋锈蚀问题。碳化使混凝土碱度降低，当碳化深度超过混凝土的保护层时，在水与空气存在的条件下，就会失去对钢筋的保护作用，钢筋开始生锈，使受力面积减小。钢筋锈蚀后，其锈蚀产物的体积膨胀将导致混凝土开裂、剥落，从而影响结构物运行安全性和长期耐久性。

优化的三峡工程结构混凝土水胶比均不大于0.45，粉煤灰掺量均不大于25％，碳化试验结果见表4-3-8。室内试验结果表明，28d最大的碳化深度为20.4mm，而三峡工程结构混凝土保护层厚度一般为60mm以上。利用多系数碳化方程计算预测碳化深度要达到钢筋保护层厚度至少要400年以上，从保护层厚度及碳化的速率看，三峡大坝结构混凝土具有优良的抗碳化性能。

**混凝土碳化试验结果**  表4-3-8

| 设计强度 等级 | 水胶比 | 粉煤灰 掺量（％） | 碳化深度（mm） | | | |
|---|---|---|---|---|---|---|
| | | | 3d | 7d | 14d | 28d |
| $C_{90}25$ | 0.45 | 30 | 11.4 | 13.5 | 15.9 | 20.4 |
| C25 | 0.45 | 20 | 3.1 | 5.6 | 7.7 | 12.6 |
| C50 | 0.30 | 0 | 0 | 0 | 0 | 0 |

4）变形性能：三峡工程通过采用大掺量Ⅰ级粉煤灰、优质外加剂及内含4％左右MgO中热水泥，改善了大坝混凝土变形性能，具有低热性及体积稳定性，从而提高了混凝土的抗裂性。

三峡工程各主要部位Ⅳ级配混凝土极限拉伸变形、干缩变形和绝热温升试验结果见表 4-3-3。由表 4-3-3 可看出，混凝土极限拉伸值满足设计要求，干缩变形较小，绝热温升值较低，从而使混凝土具有良好的抗裂性。

5）碱骨料反应：混凝土如果发生碱骨料反应，则产生膨胀，导致混凝土发生裂缝，严重时会导致混凝土破坏，从而影响混凝土的耐久性。

三峡工程混凝土采用花岗岩人工骨料，参照国内外有关检验骨料碱活性的试验规程和标准，评定为非活性骨料。但为更慎重起见，除限制原材料碱含量和掺用Ⅰ级粉煤灰抑制碱骨料反应措施外，又提出了混凝土总碱量不大于 $2.5 kg/m^3$ 的限制。

跟踪监测表明，即使以最不利情况（原材料以最大碱含量及混凝土以最高强度等级）计算混凝土总碱量，到目前为止最大值为 $2.3 kg/m^3$，未超过控制值。已有 19 年的砂浆长度法长龄期观测资料表明，13 年内砂浆膨胀率一直在增长，13～16 年期间缓慢增长或停滞，16 年以后则呈现收缩趋势，当水泥碱含量＜1.0%时，最大膨胀率亦未超过 0.1%，从现有技术水平看可认为三峡工程混凝土不会发生危害性碱骨料反应。

2. 杭州湾大桥

杭州湾跨海大桥全长 36km，其中跨越海域长度近 32km。大桥主体结构除南、北航道桥采用钢箱梁外，其余均为混凝土结构。全桥混凝土用量约 250 万 $m^3$，设计使用寿命 100 年。因各部位腐蚀不同性，制定科学、合理、经济、适用的混凝土结构耐久性方案对确保设计使用寿命具有十分重要的意义。

（1）腐蚀环境调查

杭州湾地处亚热带季风气候区，冬季平均气温较高。海水盐度受长江和钱塘江江水冲淡影响，一般在 $5.54g/L$～$15.91g/L$，为 pH 值≥8 的弱碱性 Cl-Na 型咸水。受潮汐和地形影响，流速较大，平均最大流速在 3m/s 以上，海水含砂量较大，实测含砂量为 0.041～9.605$kg/m^3$。海水中富含海蛎子等海洋生物。

工程建设前期调查表明，沿海湾混凝土结构腐蚀情况十分严重。90%的损坏是由于环境恶劣、保护层不足，氯离子渗透导致钢筋锈蚀引起的。其他腐蚀因素，如混凝土中性化、碱骨料反应、硫酸盐侵蚀、海洋生物、泥沙冲蚀、冻融等，不是混凝土结构劣化的主要原因。宁波港10万t级矿石中转码头，建成时是全优工程，仅使用了11年后，桩帽、水平撑、梁板等钢筋已经胀裂，约5cm的混凝土保护层内水溶性氯离子含量已达0.8%左右，钢筋部位的浓度大大超过引发锈蚀的临界浓度（约相对于水泥质量的0.4%）。

（2）耐久性措施

根据结构所处的具体腐蚀环境，不同的结构位置对应不同的侵蚀等级（表4-3-9），根据不同的侵蚀等级确定不同混凝土结构耐久性措施。

**混凝土结构构件使用环境分区及其侵蚀作用级别　　表4-3-9**

| 环境类别 | 级别 | 环境分区 | 工程部位 |
|---|---|---|---|
| 海水腐蚀环境（以黄海高程划分） | C | 浸没于海水的水下区、泥下区 | 桩基、陆地区承台 |
| | D | 接触空气中盐分，不与海水直接接触的大气区（10.21m以上） | 箱梁、陆地区桥墩、航道桥中上塔柱 |
| | E | 水位变化区（$-4.56\sim1.88$m） | 海中承台 |
| | F | 浪溅区（$1.88\sim10.21$m） | 海中桥墩、下塔柱 |

全桥采用高性能的海工耐久混凝土，以氯离子扩散系数为混凝土耐久性的主要控制指标，采用大比例掺入矿物掺合料和低水胶比降低氯离子扩散系数；

海工耐久混凝土指用常规原材料、常规工艺、掺加矿物掺合料及化学外加剂，经配合比优化而制作的，在海洋环境中具有高耐久性、高尺寸稳定性和良好工作性的高性能结构混凝土。在海工耐久混凝土专题研究的基础上，对海工耐久混凝土的原材料、配合比设计及工作性能、施工控制等，提出了以下主要指标：

1）原材料：

①水泥：采用强度等级42.5的Ⅱ型硅酸盐水泥，水泥中

$C_3A$ 含量控制在 6%～12%，氯离子含量低于 0.03%。

②矿物掺合料：粉煤灰（FA）选用组分均匀各项性能指标稳定的低钙灰，且烧失量不大于 8%，需水量比不大于 100%，$SO_3$ 含量不大于 2%；磨细高炉矿渣的比表面积控制在 360～440$m^2$/kg，需水量比不大于 100%，烧失量不大于 5%。

③集料：不得采用可能发生碱－集料反应（AAR）的活性集料；水溶性氯化物折合氯离子含量不得超过集料重的 0.02%；细集料含泥量小于 2.0%，泥块含量小于 0.5%，云母含量小于 2%，细度模数 2.9～2.6，不得采用海砂和人工砂；粗集料含泥量小于 0.5%，泥块含量小于 0.25%，压碎指标大于 12%，针片状颗粒含量小于 10%，最大粒径不超过 25mm。

④化学外加剂：减水剂（或泵送剂）的减水率至少达到 25%；外加剂中氯离子含量不得大于混凝土中胶凝材料总重的 0.01%。

⑤拌合用水及养护用水：不得采用海水、污水和 pH 值小于 5 的酸性水，水中的氯离子含量不应大于 200mg/L，硫酸盐含量按 $SO_4^{2-}$ 计不大于 500mg/L。

2）混凝土配合比设计原则及性能要求：工程前期进行了大量的海工耐久混凝土配合比设计的研究工作，针对工程不同结构部件、不同设计要求、不同腐蚀环境，制定了配合比设计原则和质量要求。

海工耐久混凝土配制原则包括：选用低水化热和低含碱量的水泥；选用高效减水剂（泵送剂），取用偏低的拌合水量；限制混凝土中胶凝材料的最低和最高用量，并尽可能降低胶凝材料中的硅酸盐水泥用量；掺用粉煤灰、磨细矿渣等矿物掺合料；侵蚀环境为 E、F 等级的构件部位的混凝土应加入适量掺入型钢筋阻锈剂；通过适当引气提高混凝土的耐久性，新拌混凝土中引气量一般控制在 4%～6%，气泡间隔系数小于 250$\mu$m；混凝土拌合物中各种原材料引入的氯离子总质量不应超过胶凝材料总量的 0.1%（钢筋混凝土结构）和 0.06%（预应力混凝土结构）。

混凝土最大水胶比和最小胶凝材料用量见表 4-3-10，最高胶凝材料用量不宜高于 $500kg/m^3$，一般不应超过 $550kg/m^3$。

最大水胶比和胶凝材料最小用量 表 4-3-10

| 工 程 部 位 | 最大水胶比<br>（W/B） | 胶凝材料最低<br>用量（kg/m³） |
|---|---|---|
| 基桩、承台、现浇桥墩、台及索塔 | 0.40 | 400 |
| 预制箱梁、预制桥墩 | 0.33 | 450 |
| 现浇梁及其他部位混凝土 | 0.35 | 450 |

混凝土浇筑入模时的坍落度要求见表 4-3-11。

混凝土浇筑入模时的坍落度 表 4-3-11

| 混凝土类型 | 坍落度（mm） |
|---|---|
| 泵送混凝土 | 160～200 |
| 水下灌注混凝土 | 180～220 |

各部位混凝土抗氯离子渗透性要求见表 4-3-12，氯离子扩散系数采用快速非稳态电迁移法（RCM 法）进行测定。

混凝土抗氯离子渗透性要求（12 周龄期） 表 4-3-12

| 结构部位 | | 混凝土氯离子扩散系数（$10^{-12}m^2/s$） |
|---|---|---|
| 钻孔灌注桩 | 陆上部分 | $\leqslant 3.5$ |
| | 海上部分 | $\leqslant 3.0$ |
| 承台 | 陆上部分 | $\leqslant 3.5$ |
| | 海上部分 | $\leqslant 2.5$ |
| 墩身 | 现浇 | $\leqslant 2.5$ |
| | 预制 | $\leqslant 1.5$ |
| 箱 梁 | | $\leqslant 1.5$ |
| 桥 塔 | | $\leqslant 1.5$ |

混凝土结构典型配合比，见表 4-3-13。

3）合理的钢筋保护层：根据结构部位和受力特点，设置合理的钢筋保护层厚度，尽量延长氯离子渗透到钢筋表面的时间。

混凝土结构典型配合比设计 表 4-3-13

| 部位 | 强度等级 | 水胶比 | 每方混凝土各种材料用量（kg） | | | | | | | |
|------|----------|--------|------|------|--------|------|------|------|--------|--------|
| | | | 水泥 | 矿粉 | 粉煤灰 | 砂 | 石子 | 水 | 减水剂 | 阻锈剂 |
| 陆上桩基 | C25 | 0.36 | 165 | 124 | 124 | 754 | 960 | 149 | 4.13 | — |
| 海上桩基 | C30 | 0.3125 | 264 | — | 216 | 753 | 997 | 150 | 5.76 | — |
| 陆上承台、墩身 | C30 | 0.36 | 170 | 85 | 170 | 742 | 1024 | 153 | 4.25 | — |
| 海上承台 | C40 | 0.33 | 162 | 81 | 162 | 779 | 1032 | 134 | 4.86 | 8.1 |
| 海上现浇墩身 | C40 | 0.345 | 126 | 168 | 126 | 735 | 1068 | 145 | 5.04 | 8.4 |
| 海上预制墩身 | C40 | 0.309 | 180 | 90 | 180 | 779 | 1032 | 139 | 5.4 | 9.0 |
| 箱梁 | C50 | 0.32 | 212 | 212 | 47 | 724 | 1041 | 150 | 1.0 | — |

理论上，结构的保护层厚度越大，氯离子渗透到钢筋表面的时间越长，结构的寿命也越长。但是，保护层过大很容易引起结构开裂，同样造成结构的耐久性降低。因此，只有合理确定保护层厚度，才能有效地对钢筋施以保护，增强结构的耐久性。

各国标准规定的海工混凝土最小保护层厚度见表 4-3-14。

各国标准规定的海工混凝土
最小保护层厚度（mm） 表 4-3-14

| 混凝土所处部位 | FIP 建议（1986） | ACI357（1989） | BS6235（1982） | BS8110（1985） | DIN1045-1（2001） | JTJ268（1996） |
|------|------|------|------|------|------|------|
| 大气区 | 65 | 65 | 75 | 60 | 40 | 50 |
| 浪溅区 | 65 | 65 | 75 | 60 | 50 | 65 |
| 水下区 | 50 | 50 | 60 | 60 | 50 | 50 |

根据杭州湾的腐蚀环境和桥梁各部位的受力特点，参考国外跨海工程实例和国外有关规范，规定了不同部位混凝土结构的钢筋保护层厚度（表 4-3-15）。

混凝土结构各部位钢筋保护层厚度 表 4-3-15

| 结构部位 | | 腐蚀环境 | 保护层厚度（mm） |
|------|------|------|------|
| 钻孔桩 | | 水下区及泥下区 | 75 |
| 承台 | 海上 | 水位变动区 | 90 |
| | 陆上 | 大气区 | 75 |
| 桥墩 | | 浪溅区及大气区 | 60 |
| 箱梁 | | 大气区 | 40 |

钢筋保护层厚度对保证混凝土结构的耐久性至关重要，需要对其进行严格的施工控制和质量检查。施工过程中通过合理分布保护层垫块等进行施工质量的控制。钢筋保护层厚度分两阶段进行检测，第一阶段在钢筋模板安装完毕，混凝土浇筑前进行预留钢筋保护层厚度的检测；第二阶段在混凝土浇筑后，利用无损检测法检查钢筋保护层的实际厚度。检测结果表明钢筋保护层厚度合格率在90％以上。

4）塑料波纹管与真空辅助压浆：对于预应力混凝土结构，孔道的不密实极易造成高应力状态下预应力筋的锈蚀。

20 世纪末，国际上许多使用后张预应力工艺的桥梁，由于预应力孔道压浆不饱满、密实，导致预应力筋受到锈蚀，造成了桥梁的倒塌、重建或加固。为增强预应力孔道压浆的密实性，提高预应力体系的耐久性，大桥预应力混凝土箱梁采用耐腐蚀、密封性能好的塑料波纹管配合真空辅助压浆技术作为预应力混凝土结构的耐久性基本措施之一。

浆体设计是真空辅助压浆的关键之处，为此专门进行了浆体配合比设计和试验（图 4-3-1）浆体主要技术性能指标为：水灰比控制在 0.30～0.35；泌水率控制在 2.0％以内，泌水在 24h 内被浆体吸收；浆体流动度控制在 14～18s；浆体膨胀率小于 5％；初凝时间大于 3h，终凝时间小于 24h；压浆时浆体温度不超过 32℃；浆体强度不小于主体结构混凝土强度的 80％。

图 4-3-1　真空辅助压浆试验
(*a*) 斜管试验浆体切片；(*b*) 试验梁压浆试验

为完善压浆工艺，检验塑料波纹管和真空辅助压浆的实际效果，在现场进行了斜管试验和试验梁模拟试验。试验表明：采用优化配合比和高性能真空辅助压浆助剂配置的浆体和配套的压浆进行真空压浆，孔道浆体饱满、密实，可有效提高预应力系统的耐久性。

5）环氧涂层钢筋：在腐蚀最为严重的浪溅区现浇墩身中采用环氧钢筋（图 4-3-2）。

施工中涂层容易损伤是环氧钢筋最大的缺点。由于环氧钢筋的保护机理建立在完全隔离钢筋与腐蚀介质的基础上，

图 4-3-2　环氧涂层钢筋

环氧涂层的缺陷、膜层损伤极易导致钢筋的点腐蚀，加速结构的破坏。因此，施工中保证膜层的完整性成为环氧涂层钢筋有效性的关键。

大桥专用规范规定：每米涂层钢筋上不允许出现大于 $25mm^2$ 涂层损伤缺陷，小于 $25mm^2$ 涂层缺陷的面积总和不得超过钢筋表面积的 0.1%。环氧涂层钢筋的储存、运输、加工与安装等须制定详细的规定和采取必要的措施，尽量减少对环氧涂层的损坏。破损的环氧涂层应尽快予以修补，修补应采用环氧涂层钢筋生产厂家提供的材料，并在相对湿度小于 85% 的环境中进行，修补涂层厚度不得小于 $180\mu m$。据美国公路局的报告，混凝土的浇筑、振捣过程可能破坏环氧涂层钢筋的膜层（甚至80% 的损伤率发生在此过程），因此施工过程中在金属振捣器上包覆塑料或橡胶，并尽量避免振捣器与钢筋直接接触，以减少对涂层的损坏。

6）钢筋阻锈剂：在腐蚀严重的水位变动区承台和浪溅区的墩身中使用掺入阻锈剂。

一般情况下，钢筋阻锈剂的有效性与其存在于混凝土中的数量有直接关系，混凝土中只要能够保持必要浓度的阻锈剂，就能

战胜有害离子（通常是 $Cl^-$）的破坏作用，钢筋就可以长期不锈。阻锈剂的合理掺量通过试验确定，并测试与其他外加剂的相容性。本工程使用的某钢筋阻锈剂试验结果见表 4-3-16。

杭州湾跨海大桥工程使用的某阻锈剂
性能试验结果 表 4-3-16

| 性 能 | 试验项目 | 规定指标 | 实测结果 |
|---|---|---|---|
| | | 粉剂型 | 粉剂型 |
| 防锈性 | 盐水浸渍试验 | 失重率减少 40% 以上 | 减少 45.6% |
| | 电化学综合试验 | 电荷跌落值不超过 50mV | 35mV |
| 对混凝土性能影响试验 | 抗压强度比 | ≥90% | 98% |
| | 抗渗性 | 不降低 | 不降低 |
| | 初终凝时间（min） | −60～+60（对比基准组） | 初凝＋50；终凝＋55 |

7）外加电流阴极防护：南、北航道桥主墩承台、塔座及下塔柱腐蚀严重的水位变动区和浪溅区部位采用外加电流阴极防护系统。

根据钢筋腐蚀的电化学原理，阳极反应（钢筋腐蚀）必须同时放出自由电子，阴极防护即是采取措施使电位不高于平衡电位，不让钢筋表面任何地方再放出自由电子，就可使钢筋不能再进行阳极反应（腐蚀）。外加电流阴极防护，以直流电源的正极接通难溶性阳极，发射保护电流；以其负极接通被保护的钢筋，而阳极与被保护的钢筋均处于连续的电介质中，使被保护的钢筋接触电解质的全部表面都充分而且均匀地接受自由电子，从而受到阴极保护。外加电流阴极保护原理见图 4-3-3。

外加电流阴极防护系统采用欧洲《混凝土中钢筋的阴极保护》（EN12696－2000）标准进行设计。该系统包括：活性钛金属网条（阳极）、参比电极、连接装置、供电装置，计算机控制、遥控监控

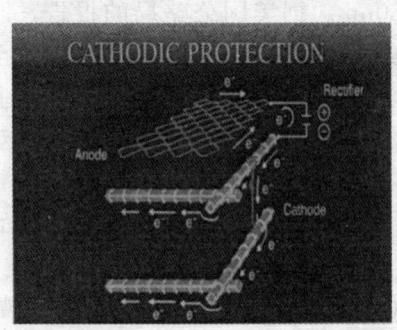

图 4-3-3 外加电流阴极防护原理

管理系统等。

外加电流阴极防护系统设计的要点包括：阳极材料在正常运行的电流密度（钢筋表面 $1\sim 2mA/m^2$）条件下，保证最少 100 年的使用寿命，从而保证结构钢筋始终处于阴极状态而不发生锈蚀；充分考虑腐蚀环境的不同，针对不同区域进行相应的设计，采用全自动监控系统自动调节电量，以确保 100％ 的电流分布与传递，并避免过度保护形象；采用合适的参比电极，使防护系统能够自动调节和长期监测。

8）渗透可控模板垫料：渗透可控模板垫料是近年来在国外发展起来的一种新型的提高混凝土表面质量的产品，是一种纤维组织，使用时贴在混凝土模板上。它能把刚刚浇好的混凝土表面多余的空气和水排出（图 4-3-4），则混凝土表面水灰比大大降低，可提高混凝土表面的强度和耐磨性；同时可确保混凝土在养护期间保持高湿度，将裂缝风险减到最小。

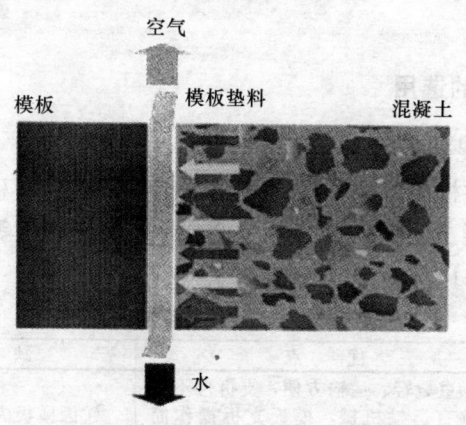

图 4-3-4　渗透可控模板垫料应用示意

大桥南滩涂引桥部分桥墩应用了该产品，工程实践表明，使用渗透可控模板垫料，可大大改善混凝土的外观质量，提高混凝土表面的抗裂性、抗渗性和耐久性。但由于价格较高，目前尚难大面积推广。

9）混凝土表面涂层：海洋环境混凝土结构的表面涂层防护主要有两大类：一类为涂覆型涂层防护措施，一类为渗入型憎水硅烷涂层。混凝土结构保护的表面积约 210 万 $m^2$。

# 4.4 清水混凝土施工技术

清水混凝土（as-cast-finish concrete），主要是指现浇工艺一次成型，以混凝土自然表面作为最终完成面（装饰面），通过混凝土本身的质感来体现建筑效果的现浇混凝土工程，只是在表面涂一道透明的保护剂，多用于体育场馆、博物馆、车站、码头、航站楼等公共建筑中。清水混凝土建筑效果主要通过对构件的外观形式设计和严格控制混凝土完成面质量来实现。

另外，是指混凝土墙体拆模后，内墙面只作简单处理后表面抹 2～3mm 厚粉刷石膏和 1～2mm 厚耐水腻子即可。本文主要介绍前一种。

## 4.4.1 模板的选用

1. 清水混凝土圆柱模板选型

对于圆柱模板，目前比较成熟的工艺为钢模板和玻璃钢模板两种。从混凝土成型质量、施工便利性、经济因素等方面进行比较，见表 4-4-1。

表 4-4-1

| 圆柱模方案 | 优　点 | 缺　点 |
|---|---|---|
| 玻璃钢模板 | ①重量轻、运输方便，支拆可不借助垂直运输机械，模板支拆操作简单，施工速度快。<br>②材料柔韧性适中，通过流态混凝土侧压力，能保证柱截面圆度。<br>③模板造价相对较低 | ①因模板为柔性材料，柱顶装饰凹槽成型质量差。<br>②不能满足变形缝部位柱角为圆弧的要求 |
| 钢模板 | ①模板接缝易于控制，混凝土成型效果较好。<br>②通过定型加工，能保证装饰凹槽、变形缝的一次成型 | ①造价较玻璃钢模板高。<br>②装拆需要依靠塔吊等垂直运输机械 |

2. 清水混凝土墙梁模板选型

目前市场上较为成熟的定型模板有钢模板、玻璃钢模板。从混凝土成型质量、加工能力、加工精度控制、施工误差消除、模板支拆方便、模板综合造价等几方面通过样板试验进行对比研究，其结果如下：

（1）混凝土成型质量对比：从混凝土成型质量比较，钢模板和玻璃钢模拼缝质量、装饰凹槽成型效果、表面气泡大小和数量，均能满足要求；但钢模板表面容易生锈，造成混凝土表面色差较明显，而玻璃钢模板涂刷脱模剂后，混凝土表面光洁如镜，表面基本无色差。

（2）模板加工情况对比：若采用定型钢模板，所有弧形部位需采用机械冲压、焊接连接制成，模板加工精度要求较高，制造工艺复杂，市场上具备此类定型钢模板加工能力的厂家少，如大量采用定型钢模板，供应能力难以满足工程需求。而玻璃钢模板采用在胎具上手工糊制而成，只要严格控制胎具的质量就可保证模板的加工精度，市场上玻璃钢模板加工厂家众多，月加工能力在 1 万 m² 以上的厂家较多，模板供应能力较容易满足工程需要。

（3）施工便利性对比：由于清水混凝土梁、模板对拼缝位置有严格规定，单元模板大小、尺寸均已确定。钢模板单块平均重量约为 400kg，模板在作业面的搬运、挪动均需要依靠塔吊等垂直运输机械，模板施工占用垂直运输机械时间长，对其他工序影响较大；另外模板单元重量大，支设过程中模板调整困难。玻璃钢模板单块平均重量仅为 120kg，模板的搬运、挪动、调整完全可由人工操作，施工便捷。

（4）综合经济性对比：经广泛市场调查，定型钢模板市场加工单价约为 600 元/m²，玻璃钢模板约为 300 元/m²；两种模板的支撑系统基本相同。

另外，玻璃钢模板具有自重轻、拆模方便等优点。综合垂直运输能力、装拆方便性、市场加工能力、成本等因素，弧形梁模板宜采用玻璃钢模壳，顶板模板采用优质木胶合板模板。

### 4.4.2 模板设计

1. 柱模板的设计

清水混凝土圆柱模板采用全钢模板,且柱身混凝土不允许有环向模板拼缝,两条纵向拼缝不能出现漏浆、错台等缺陷。为满足设计要求,柱模加工时,环向钢板拼缝处采用满焊连接,并对焊缝部位打磨,确保焊缝部位与邻近钢板平整顺滑。圆柱模板采用两个半圆模板组拼而成,纵向拼缝在边框处采用企口连接。为了防止钢模板在混凝土侧压力作用下,边框部位变形造成漏浆,连接部位除采用螺栓固定外,还设置若干锥型限位销钉,有效解决了纵向拼缝部位漏浆的通病。

2. 墙体模板的设计

清水混凝土墙体对螺栓孔布置、螺栓孔尺寸、模板单元尺寸、模板拼缝位置、拼缝质量、装饰线条设置等均有严格、具体的要求。

(1) 墙体模板

墙体模板采用木框大模板,模板采用现场加工制做,模板体系为:面板采用 18mm 厚优质木胶合板面板;主次龙骨采用 100mm×100mm 方木竖楞;穿墙螺栓采用 M16 螺栓,按照水平方向 810mm、竖向 610mm 进行布置。

(2) 模板拼缝构造

为避免模板受混凝土侧压力后拼缝部位变形造成漏浆,单元模板面板之间采用弹性拼缝。模板加工时,面板之间预留 2mm 宽缝隙,缝间采用硅酮胶封闭。模板拼缝处在面板背面设置通长方木,以增加模板的整体刚度,防止漏浆,并保证面板接缝部位不变形。同时为了防止模板受潮变形,穿墙螺栓孔采用专用开孔器钻孔后孔壁用防水漆封闭。墙体模板具体构造见图 4-4-1。

(3) 单元模板间连接构造

相临两块大模板之间接缝采用企口硬拼缝,企口宽度分别为 30mm 和 43mm,安装时在企口木胶合板侧面加密封条堵缝。为使大模板之间拼缝紧密不漏浆,在两块大模板相邻边竖框上使用夹具夹紧。

（4）板面处理

为保证混凝土完成后板面的质量，避免模板板面的钉眼留痕，在模板板面事先用电钻打出直径 4mm 的凹槽，然后用 70mm 自攻螺钉将方木竖肋钉于面板上，顶帽沉头 4mm 左右，用铁腻子加固化剂找平钉帽。

（5）角模

阴角模为定型角模板，板面为 18mm 厚木胶合板，宽度 500mm，竖肋采用 100mm×100mm 方木，并与方钢管背楞错开 305mm，钉横向 50mm×100mm 方木固定，安装时将大模板的方钢管背楞顶至角模板背面，具体形式见图 4-4-2。

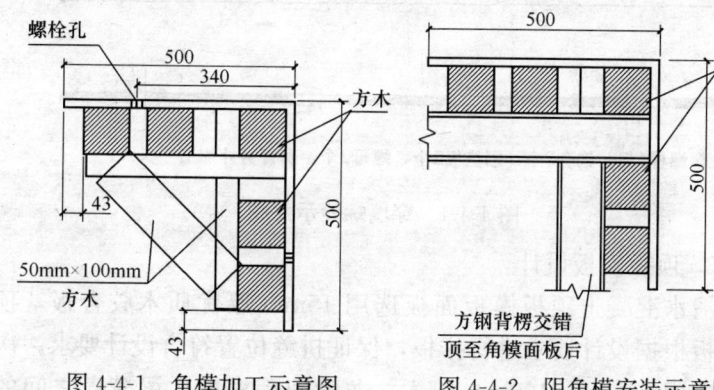

图 4-4-1 角模加工示意图　　图 4-4-2 阴角模安装示意图

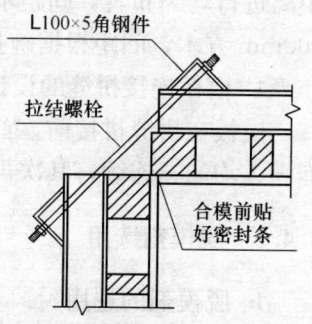

阳角不单独配置角模，采用大模板直接拼接，在方钢管横楞上焊 L100×5 角钢连接件，通过螺栓 45°拉结连接，具体形式见图 4-4-3。

（6）穿墙螺栓构造

使用 φ16mm 的通长对拉螺栓，在对拉螺栓上套强度高的外径为 φ25mm 的塑料管（保证内径比螺栓

图 4-4-3 阳角模板安装示意图

外径大 2mm），对拉螺栓两端与模板接触处分别套一硬聚酯锥套，锥套外侧与模板接触面可以顶紧。锥套与模板之间还要加一个直径与锥套相同的密封条垫圈，确保混凝土不漏浆。穿墙螺栓构造见图 4-4-4。

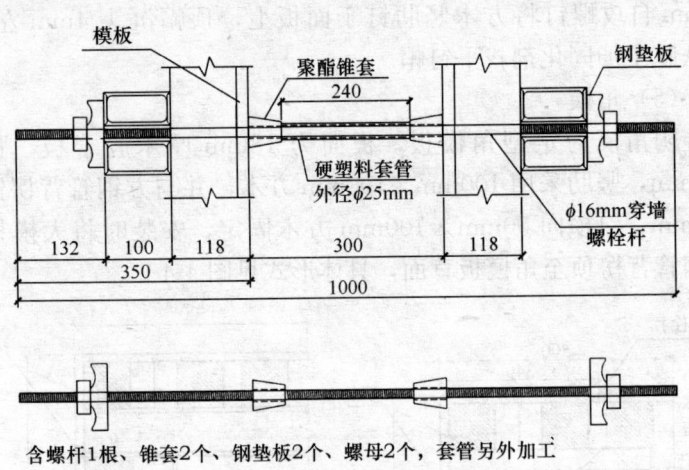

含螺杆 1 根、锥套 2 个、钢垫板 2 个、螺母 2 个，套管另外加工

图 4-4-4  穿墙螺栓示意图

3. 顶板模板设计

清水混凝土顶板模板面板选用 15mm 厚优质木胶合板，顶板模板根据设计要求进行排板，保证拼缝位置符合设计要求，次龙骨选用 50mm×100mm 方木，龙骨间距根据次梁模壳之间的距离进行均匀布置，间距不大于 250mm；主龙骨选用 100mm×100mm 方木，间距根据碗扣脚手架龙骨之间的距离进行布置。

4. 模板连接拼缝的设计与连接方式

模板在拼缝拼接前，首先在拼缝侧面打玻璃胶，要求玻璃胶饱满、均匀、连续，其次再进行模板对拼和硬拼。

### 4.4.3  脱模剂选用

1. 脱模剂的选用

选择适宜的脱模剂是保证清水混凝土质量的重要因素。目前市场上脱模剂种类大致有矿物油类、植物油类、乳化油类、水质类、聚合物类等多种。矿物油类、植物油类脱模剂对于钢质模板，在黏度合适的情况下脱模效果好；若黏度偏大（气温较低时尤其如此），会造成贴近模板范围的混凝土气泡排出困难，容易造成混凝土表面出现麻面。石蜡乳液脱模剂适用于木胶合板、钢质、玻璃钢质等各类材质模板，且脱模效果好，但价格较贵、脱模剂固化时间相对较长，脱刷后表面容易粘结灰尘。结构施工期间场区灰尘较多，特别是梁模板支设完成、绑扎钢筋到浇筑混凝土期间周期较长，脱模剂容易粘接空气中灰尘且不便清理，对清水混凝土表面质量影响较大。将松节油等加入有机溶剂形成的聚合物脱模剂用于玻璃钢模板，同时在脱模剂中加入光亮剂，经过样板试验不仅脱模方便，且成型后的混凝土表面光洁如镜，效果十分明显。

脱模剂的选用详见表 4-4-2。

表 4-4-2

| 序　号 | 模板面板类型 | 脱模剂选型 |
| --- | --- | --- |
| 1 | 木胶合板面板 | 水质脱模剂 |
| 2 | 钢模板面板 | 矿物油质脱模剂（1:3＝机油:柴油） |
| 3 | 玻璃钢模壳面板 | 聚合物类脱模剂 |

2. 脱模剂使用技术要求

水质脱模剂在涂刷前要将模板表面先用水清洗干净，去除灰浆、灰尘、冰雪等杂物后再涂刷。涂刷前脱模剂应搅拌均匀。涂刷时，应均匀涂刷。

油质脱模剂在涂刷前要根据理论配合比进行调配，直到脱模剂涂刷在模板表面不再发生流坠现象，即为最佳配合比。涂刷前用电动钢丝刷将模板表面打磨、清理，使模板表面达到平整、光亮的效果。油质脱模剂涂刷时，应薄厚均匀、一致，严禁漏刷和多刷。

钢柱模合模前 30min，用棉纱将柱模从一头向另一头，顺着同一个方向均匀擦拭一遍。擦拭后，达到用手摸有油但不滑腻为最佳。钢柱模板油质脱模剂涂刷完毕后，应使用塑料布将模板上部和两端进行整体遮盖、封闭，以免灰尘和杂物粘在模板表面，影响混凝土的表面成型效果。

油质脱模剂和水质脱模剂使用时应注意不能污染钢筋，且脱模剂自身不被污染，严禁用废机油配制油质脱模剂。

脱模剂选用时，应使用同一厂家、同一配比、同一生产批次的脱模剂，避免混装、混用。

### 4.4.4 混凝土配合比设计和应用

清水混凝土施工包括混凝土制作与现场施工两方面，是一项综合技术，必须有机结合起来，除混凝土拌合站采取先进工艺提供优质的混凝土拌合物外，还需要在混凝土运输、浇筑、养护、成品保护等方面采取必要的技术措施，才能保证清水混凝土的质量。

1. 原材料的控制

（1）所有的原材料进场，由专人进行检查验收，对砂、石等骨料先目测检验，目测合格后再与试验人员联系，按照批量要求检测材料的技术指标，是否符合要求。

（2）对所有用于清水混凝土的水泥、掺合料，样品经验收后进行封样。对首批进场的原材料经监理取样复试合格后，应立即进行封样，以后进场的每批来料均与封样后的进行对比，发现有明显色差的不得使用。

（3）对骨料的含水率检测每班至少进行一次，并做好记录。负责骨料检测的试验员，要经常到料场观察并跟踪情况，随气候变化随时抽验砂子、碎石的含水率，及时调整用水量。

（4）要求混凝土生产厂家必须提供氯气含量和砂石放射性检测报告，并做好复试。

2. 搅拌过程的控制

（1）严格按照混凝土配合比进行投料，计量准确。控制好混凝土的搅拌时间，应比普通混凝土延长 20～30s。

（2）根据气温变化、运输时间（白天或黑夜）、运输距离、砂石含水率变化、混凝土坍落度损失等情况，及时适时地对原理论配合比进行调整，确保混凝土浇筑时的和易性能够满足施工需要，混凝土不泌水、不离析。

（3）混凝土搅拌站生产清水混凝土的搅拌机要专机专用，严禁与生产普通混凝土交替使用。

（4）质检人员做好混凝土出站前的检查验收工作，除观察混凝土和易性、黏聚性和保水性及有无离析泌水现象外，要增加坍落度的测试次数，发现问题及时查找原因。所有在出站前检查不合格的混凝土严禁送往施工现场。

### 4.4.5 混凝土运输与浇筑

1. 运输过程的控制

（1）清水混凝土运输采取专车专用，保证运输过程中混凝土的匀质性。

（2）混凝土运输车每次清洗后及时排净料筒内积水，以免影响水胶比。

（3）生产调度人员要特别关注清水混凝土的车辆调配和发运工作，与施工单位搞好沟通与协作配合，尽量缩短运输时间，搅拌站应严格按商品混凝土合同中的技术要求提供合格的混凝土，每个地泵平均每 15min 一辆混凝土罐车，以保证混凝土的连续供应。现场混凝土专业管理人员根据实际情况适当调整。混凝土从出场到进场浇筑完成的时间不得大于 90min。混凝土罐车在运输途中，拌筒要保持 3～6r/min 的慢速转动。混凝土罐车给地泵喂料前，应高速旋转搅拌筒 3min，使混凝土均匀，喂料时应配合地泵均匀输送，使混凝土保持在集料斗内高度标志线以上；中断喂料时应使拌筒低转速搅拌混凝土。

2. 混凝土的浇筑

（1）混凝土浇筑单元的划分

清水混凝土对外观质量要求严格，构件表面严禁出现冷缝等缺陷。为减少温度收缩应力，控制裂缝的开展，同时根据现场劳动力、施工机械配置情况，将每个楼层划分成浇筑单元，每个浇筑单元面积控制在 $1000\sim1500m^2$，各单元采取跳仓浇筑的方法，单元块之间后浇带在两侧混凝土强度达到100%、龄期超过42d后浇筑。这样既保证了现有混凝土供应能力下混凝土及时覆盖，避免出现冷缝，又有利于超长混凝土结构温度收缩应力自由释放，控制裂缝产生。

（2）混凝土进场检验

1）每车必须挂标识牌，注明混凝土强度等级、抗渗等级、浇筑部位。

2）每车必须有小票，注明工程名称、浇筑部位、混凝土强度、配合比、外加剂、坍落度、出机时间和温度、出场时间、到场时间、浇筑完成时间、运输车号等。

3）混凝土到场后，每车混凝土都必须做坍落度检测。等待时间长的应增加复试一次（禁止往混凝土中直接加水），合格后使用；坍落度不合格的必须退回混凝土公司。不合格的车次（如小票标注不清、自行涂改、与本车次对不上的），要拍照片或录像，并记录车号、退场时间，并存档。

4）车辆进场后由工程部门派专人（佩戴标记）指挥调度，并在小票上加盖名章，记录时间，收集小票。

3. 浇筑前准备

（1）对相关技术及操作人员进行培训，使其能熟练掌握施工的技术要点；并使其明确浇筑部位和浇筑方量。

（2）对将要使用的地泵（汽车泵）、泵管及备用的地泵（汽车泵）、泵管进行检查，并设专人进行维护和保养。

（3）检查施工现场电源接通情况，保证施工机械的正常运作，并检查现场施工机械的配备及工作情况。

（4）专人负责落实混凝土养护材料现场准备及使用情况。

（5）大面积或大方量混凝土浇筑前，应成立专门生产技术领导小组，组织相关技术和生产人员召开技术交底会议，明确分工，责任落实到人。

4. 混凝土浇筑工艺

（1）柱子混凝土的浇筑

1）混凝土之前先安放好串筒，串筒直径为300mm，串筒高度距浇筑底面1m。随浇筑混凝土随拔高串筒，避免混凝土浇筑过高串筒难以抽出。

2）在浇筑时混凝土要分层下料，分层振捣。分层厚度为400mm，配备分层标尺杆以控制浇筑厚度（夜间施工时配手把灯照明）。

3）浇筑时应根据柱子的不同数量确定每辆混凝土运输车一次运送数量，同时严格控制混凝土运输车之间的间隔时间。以避免混凝土坍落度损失过大。

4）对于带结构缝的独立柱，结构缝两侧必须同时下灰和振捣。

5）浇筑过程中派专人看护钢筋和模板，浇筑完成后及时将混凝土顶面伸出的甩槎钢筋整理到位。

（2）柱混凝土振捣

1）在每层下料后及时振捣，振捣棒使用60kHz振捣棒（高频振捣棒）。第一层混凝土的振捣时间不得超过20s，防止过振跑浆，其余每层混凝土的振捣时间不得小于30s，做到快插慢拔，浇筑混凝土时振捣棒插入深度应穿过被振捣层50mm。

2）振捣棒的移置距离为40～50cm，且按梅花型布置振动点。

3）由柱顶部往下观察模板拼缝有均匀微露浆水时，表示混凝土振捣密实。

4）在混凝土浇筑至柱顶标高后，必须继续浇筑混凝土直至将浮浆层全部排出。

5）在浇筑及机械振捣完成后，在柱顶700mm高范围内，采用人工在模板及钢筋间（即钢筋保护层范围内）用8mm厚、30mm宽、1.5m长的扁钢做成剑式振捣棒二次振捣，以减少气泡。

（3）梁、板混凝土的浇筑（图 4-4-5）

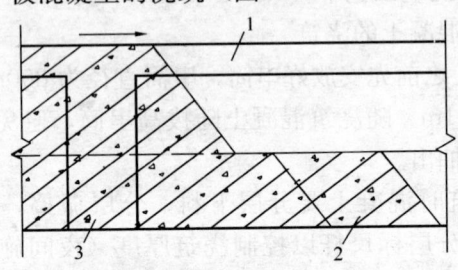

图 4-4-5　梁、板分层浇筑图
1—楼板；2—次梁；3—主梁

1）梁、板混凝土浇筑采用"赶浆法"，即先浇筑梁，根据梁高分 3 层浇筑成阶梯形，当达到板底位置时再与板的混凝土一起浇筑。第 1 层下料慢些，梁底充分振实后再下第 2 层料。

2）浇筑板混凝土的虚铺厚度应略大于板厚，用振捣棒垂直浇筑方向来回振捣，并用铁插尺检查浇筑厚度，以混凝土表面翻浆，无明显下沉为宜。

3）浇筑顶板梁过程中，在移动泵管后，必须将撒落的混凝土清除干净。

4）梁、板混凝土振捣

①在每层下料后及时振捣，每层混凝土的振捣时间不得小于 30s，做到快插慢拔，振捣棒穿过被振捣层 50mm 深度。

②振捣棒的移置距离一般为 40～50cm，且按梅花型布置振动点。

③遇有梁柱节点或钢筋较密时，振捣棒移动间距约为 20cm，同时用 $\phi30$ 振捣棒振捣。

④混凝土第一次浇筑后，再隔 20min 进行第 2 次复振。

⑤振捣以表面泛浆，不出现气泡，无明显下沉现象为宜。

5）梁、板混凝土抹面

①梁、板混凝土按标高要求浇筑完成后，在混凝土初凝前，用刮杠将表面刮平，木抹子打平，这是第 1 遍。第 2 遍待收水

后，表面沿钢筋位置出现收水裂缝，用木抹子揉搓，闭合收水裂缝。在混凝土终凝前，用扫帚拉毛成活，拉毛纹理方向统一，防止混凝土开裂。

②在用刮杠刮平过程中，每隔 5m 挂一道 500mm 标高控制线，随时控制楼板混凝土标高。

③柱子、墙体根部 200mm 范围内梁板混凝土表面要压光找平，以便于墙柱模板支立。

6）墙体混凝土浇筑

①浇筑时严格控制下灰厚度及混凝土振捣时间，每层浇筑厚度不得超过 400mm，混凝土振捣采用赶浆法，以保证新老混凝土接槎部位粘结良好，确保混凝土浇筑质量。墙体高度方向浇筑速度不超过 1.5m/h。

②有附墙柱的墙体混凝土浇筑时，柱混凝土强度高于墙体混凝土，柱混凝土浇筑速度快于墙体混凝土。

③墙体混凝土浇筑高度控制在梁底标高以上 2cm 处，混凝土接槎时剔除墙顶浮浆层。

5. 混凝土的泵送

（1）混凝土供应的连续性是确保混凝土施工质量的一个重要环节。施工前，应明确现场内外的行车路线、出入通道，同时设专人负责混凝土罐车的协调指挥疏导工作，保证混凝土供应的畅通。根据每一段混凝土量、浇筑时间，确定地泵的数量、泵管铺设位置、混凝土浇筑顺序、接槎时间。根据混凝土浇筑能力、行车距离，明确混凝土罐车的数量、供应频率，严格执行。

（2）应掌握所使用混凝土泵的各项技术性能，对泵机操作人员进行培训，配备足够的泵机易损零件，以便出现意外及时抢修。

（3）地泵泵管采用 $\phi150mm$ 无缝管。布置混凝土输送管时要注意缩短管线长度，少用弯管和软管。垂直向上配管时，地面水平管长度不小于垂直管长度的 1/4，且不宜小于 15m。炎热季节施工时用湿布、湿草袋遮盖输送管。结构内地泵泵管走向沿后浇带方向。混凝土泵启动后，应先泵送适量水以湿润混凝土泵的活塞及输送管的内壁等，并检查管道是否有漏气现象，如果有漏气，要立即处理。

（4）经泵送水检查，确认混凝土泵和输送管中无异物后，送入与混凝土同强度等级的水泥砂浆润滑混凝土泵和输送管内壁，再开始泵送混凝土；润滑用的水泥砂浆应用料斗装好，分散布料，不得集中浇筑在同一处。

（5）开始泵送时，混凝土泵应处于慢速、匀速并随时可反泵的状态。泵送速度，应先慢后快，逐步加速，同时应观察泵的压力和各系统的工作情况，待各系统运转顺利后，方可以正常速度进行泵送。

（6）泵送混凝土时，活塞应保持最大行程运转，应使料斗内保持一定量的混凝土。

（7）泵送混凝土时，如料斗内剩余的混凝土降低到 20cm 以下，则易吸入空气，致使转换开关阀间造成混凝土逆流，形成堵塞。如输送管内吸入了空气，应立即反泵吸出混凝土至料斗中重新搅拌，排出空气后再泵送。

（8）当混凝土泵出现压力升高且不稳定、油温升高、输送管明显振动等现象时，不得强行泵送，立即查明原因，采取措施排除。可用木槌敲击输送管弯管、锥形管等部位，并进行慢速泵送或反泵，防止堵塞。

（9）当输送管被堵塞时，应采取下列方法排除：重复进行反泵和正泵，逐步吸出混凝土至料斗中，重新搅拌后泵送。用木槌敲击等方法，查明堵塞部位，将混凝土击松后，重复进行反泵和正泵，排除堵塞。

当上述两种方法无效时，应在混凝土泵卸压后，拆除堵塞部位的输送管，排出混凝土堵塞物后，方可接管。重新泵送前，应先排除管内空气后，方可拧紧接头。

（10）混凝土应保证连续供应，以确保泵送连续进行，尽可能防止停歇。当混凝土出现非堵塞性中断时，宁可放慢泵送速度，进行慢速间歇泵送。慢速间歇泵送应每隔 4～5min 进行 4 个行程的正、反泵。同时开动料斗中的搅拌器，搅拌 3～4 转，防止混凝土离析。如果泵送停歇超过 45min 或混凝土离析时，应立即用压力水或其他方法排除管道内的混凝土，经清洗干净后再重新泵送。

（11）混凝土泵送即将结束时，应正确计算尚需用的混凝土数量，并应及时告知混凝土搅拌站。泵送完毕时，应将混凝土泵和输送管清洗干净。

6. 后浇带及施工缝施工

（1）后浇带浇筑前应将后浇带两侧封堵用的钢板网剔除干净。

（2）在梁板底部测放出后浇带位置控制线，用无齿锯进行切边处理。

（3）后浇带混凝土在主体混凝土浇筑 42d 后浇筑，且混凝土合拢温度选择在 15～20℃。

（4）后浇带采用高一级强度等级的微膨胀混凝土。

（5）施工缝处在混凝土强度达到 1.2MPa 时，用手持切割机切成齐边，剔除浮浆，露出坚实的石子，并冲洗干净。

### 4.4.6　混凝土表面缺陷修补措施

尽管已采取了各种措施，但由于混凝土的泌水性、模板的漏浆和混凝土本身的含气量较大，其表面局部可能会产生一些小的气泡、孔眼和砂带等缺陷。拆模后应即清除表面浮浆和松动的砂子，采用相同品种、相同强度等级的水泥拌制成水泥浆体，修复和批嵌缺陷部位，待水泥浆体硬化后，用细砂纸将整个构件表面均匀地打磨光洁，并用水冲洗洁净，确保表面无色差。

1. 螺栓孔修复

在堵孔前对孔眼变形和漏浆严重的螺栓孔眼先进行修复。首先清理孔表面浮渣及松动混凝土；将尼龙堵头放回孔中，用界面剂的稀释液（约 50％）调同配比砂浆（砂浆稠度为 10～30mm），用刮刀取砂浆补平尼龙堵头周边混凝土面，并刮平，待砂浆终凝后擦拭混凝土面上砂浆，轻轻取出尼龙堵头，喷水养护 2d。

### 2. 螺栓孔封堵

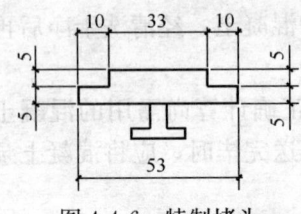

图 4-4-6　特制堵头

首先清理螺栓孔，并洒水润湿，用特制堵头（图 4-4-6）堵住墙外侧，将颜色稍深的补偿收缩砂浆从墙内侧向孔里灌浆至孔深，用 $\phi25 \sim \phi32$ 平头钢筋捣实，轻轻旋转出特制堵头并取出；砂浆终凝后喷水养护 7d。

### 3. 墙根、阳角漏浆部位修复

首先清理表面浮灰，轻轻刮去表面松动的砂子，用界面剂的稀释液（约 50%）调配成颜色与混凝土基本相同的水泥腻子，用刮刀取水泥腻子抹于需修复部位。待腻子终凝后打砂纸磨平，再刮至表面平整，阳角顺直，洒水覆盖养护 2d。

### 4. 明缝处胀模、错台修复

先用铲刀铲平，如进行打磨，打磨后需用水泥浆修复平整。明缝处拉通线后，对超出部分切割，对明缝上下阳角损坏部位先清理浮渣和松动混凝土；用界面剂的稀释液（约 50%）调同配比砂浆，稠度为 10～30mm，将 10mm×20mm 塑料条平直嵌入明缝内，将修复砂浆填补到缺陷部位，用刮刀压实刮平，上下部分分次修复；待砂浆终凝后，轻轻取出塑料条，擦净被污染混凝土表面，洒水养护 2d。

### 5. 气泡修补

对于不严重影响清水饰面观感的气泡，原则上不进行修复。需修补时首先清除混凝土表面的浮浆和松动砂子，用与混凝土同场别、相同强度等级的黑、白水泥调制成水泥浆体，并事先在样板墙上进行试配试验，保证水泥浆体硬化后颜色与清水混凝土饰面颜色一致。修复缺陷部位，待水泥浆体硬化后，用细砂纸将整个构件表面均匀地打磨光洁，并用水冲洗洁净，确保表面无色差。

6. 检验

混凝土墙面修复完成后，要求达到墙面平整，颜色均一，无大于 3mm 的孔洞，无大于 0.2mm 的裂缝，错台部位小于 2mm，无明显的修复痕迹；以距离墙面 5m 处观察，肉眼看不到缺陷为标准。

### 4.4.7 混凝土养护

（1）柱模板在柱子混凝土达到 1.2MPa 强度后方可拆除。在拆除模板后用无纺布包裹，外面再包裹塑料布养护，养护时间不得少于 7d。在柱顶处悬挂的一个铁桶内盛满水，使其在柱顶始终滴水以保持柱顶湿润。

（2）在梁板混凝土浇筑完成后用塑料布覆盖并浇水养护，养护时间不得少于 7d。混凝土强度未达到 1.2MPa 之前，不得在其上踩踏或安装模板支架。

（3）严格控制楼梯混凝土的拆模时间，楼梯踏步清水部分混凝土拆模依据以同条件试块强度达到 3MPa 为准。楼梯混凝土在拆模板之前就应对混凝土洒水苫盖塑料布养护。待拆模后，在混凝土表面再洒一道水，然后用塑料薄膜包裹，边角接茬部位要严密并压实，养护时间不少于 7d。

（4）混凝土柱、梁侧模拆模后，及时覆盖湿无纺布，外包塑料布，经常检查养护情况。发现缺水及时浇水养护，保证塑料布内有凝结水。养护时注意端头处的养护，养护时间同混凝土板。混凝土平面直接用水管浇水养护。

（5）应派专人负责浇水养护。在混凝土浇筑完毕后即用塑料布覆盖，减少终凝前水分的蒸发，终凝后改为浇水养护。浇水养护的时间对于普通硅酸盐混凝土不少于 7d，掺有缓凝剂或有抗渗要求的混凝土不少于 14d，后浇带的养护时间不得少于 28d。

### 4.4.8 成品保护

清水混凝土结构以混凝土自然表面为结构饰面，混凝土表面一旦被损坏或污染将很难恢复到原有效果，因此成品保护工作是清水混凝土结构施工的最重要环节之一。为最大限度地消除和避免清水混凝土在施工过程中的污染和损坏，在施工中可采取以下措施：

1. 施工过程中的成品保护

（1）清水混凝土柱浇筑后，将柱子甩头钢筋用彩条布遮盖，防止柱子钢筋上的铁锈污染柱子造成锈斑，对已产生的锈斑及时用湿抹布抹干净。

（2）玻璃钢模壳支设后，采用三合板在梁内将模壳表面进行覆盖，防止钢筋绑扎过程中钢筋划伤模板。

（3）模板拆除严格执行拆模申请制度。各类构件模板拆除前由专业工长提出拆模申请，技术人员根据技术方案中规定的拆模强度要求、结构同条件养护试块强度报告确定是否允许拆模。

（4）模板拆除时严禁乱扒乱撬。玻璃钢模壳采用专用木楔进行脱模，木胶合板模板先从边角部位撬开脱离混凝土面后再拆除模板。

2. 施工完成后的成品保护

（1）清水混凝土柱拆除模板后立即包裹一层无纺布，再覆盖塑料布保水养护，防止柱表面产生风干裂缝。柱身 1200mm 高范围采用外包木胶合板（做成 50mm 宽见方的板条，用铅丝捆绑），防止柱子被碰撞划伤。

（2）楼梯踏步的保护：楼梯踏步模板拆除后及时用木胶合板护角，保证踏步棱角不被损坏。

（3）墙体上距楼板面高度 2m 以内的洞口，在洞口两侧用木胶合板封闭。门洞口边做 1.5m 高的护角，防止门洞边角被碰撞破坏。

（4）加强对工人教育，避免人为污染和损坏。

### 4.4.9 质量要求

根据设计要求，控制标准分成对混凝土外观形式、模板分缝处理所做的"外观形式"要求和对混凝土的表面观感、平整度所做的"完成面质量"等两部分内容。见表 4-4-3。

清水混凝土控制标准　　　　　表 4-4-3

| 控制项目 | | 控　制　标　准 |
|---|---|---|
| 外观形式 | | 模板拼缝的位置符合图纸要求，穿墙螺栓眼应符合设计要求，达到整齐、均一、美观 |
| 完成面质量 | 结构偏差 | ①突变不平度不应超过 1mm。<br>②以 2m 平靠尺检测表面平整度，不应有大于 3mm 的凸凹，全长不大于 6mm。<br>③柱、墙、梁截面尺寸偏差不大于 4mm。<br>④柱、墙垂直度每层不大于 3mm；全高不大于 $H/1000$ 且不大于 15mm。<br>⑤预埋件、留洞、螺栓中心线位移不大于 4mm。预埋钢板中心线不大于 8mm。<br>⑥门窗洞中心线不大于 8mm；对角线偏差不大于 10mm。<br>符合并优于结构"长城杯"标准 |
| | 外观质量 | ①混凝土表面无露筋、加渣、蜂窝、麻面、明显气泡、碰撞缺陷；无裂缝。<br>②表面无灰浆渗漏现象 |
| | 色泽要求 | 表面清洁，不应有隔离剂污染、锈斑。<br>应为统一的浅色混凝土，颜色应均匀、一致，不应有明显的色差 |

# 4.5　超高泵送混凝土施工技术

## 4.5.1　定义

通常把一次泵送高度超过 200m 的混凝土称之为超高泵送混凝土。

## 4.5.2　配制要求

要将混凝土输送至 200m 以上的结构部位，对混凝土的可泵性提出很高的要求，同时又要保证混凝土输送至作业面后具有良

199

好的工作性能，这需要对混凝土的配合比进行特殊设计，优选原材料，反复试配，从而选出最佳配合比。

### 4.5.3 原材料选用

1. 水泥

水泥作为配制混凝土的最主要的胶凝材料，在配制超高泵送混凝土时除满足一般的技术指标外，还应满足如下技术要求：

（1）水泥与外加剂的适应性应良好，标准稠度用水量应保持稳定，以保证混凝土在长时间泵送状态下，混凝土流动性、坍落度保留值保持稳定的状态。

（2）水泥宜选择质量稳定，生产供应能力比较强的大型水泥厂，以回转窑生产的普通硅酸盐水泥为宜，避免不同批次水泥性能存在过大差异，而影响混凝土的各项性能的稳定。

2. 掺合料

宜选用大掺量的需水量小的优质掺合料，如一级粉煤灰或S85级以上的矿粉，宜采用粉煤灰和矿粉共同取代水泥使用的"双掺"技术，通过使用大掺量的掺合料的使用，改善混凝土的和易性，降低混凝土的黏度，从而提高混凝土的可泵送性。

3. 细骨料

除性能指标满足现行《普通混凝土用砂质量标准及检验方法》（JGJ 52—92）外，宜选用中砂，细度模数在 2.3～2.8 为宜，并应具有较低的含石率，或者保持稳定的含石率。根据混凝土强度等级的不同选择相应细度模数。

4. 粗骨料

除性能指标满足现行《普通混凝土用碎石或卵石质量标准及检验方法》（JGJ53—93）和《混凝土泵送施工技术规程》（JGJ/T 10—95）外，粗骨料最大粒径不宜超过 25mm，同时必须具有良好的级配。

5. 外加剂

以复合有减水、保塑、早强（或缓凝）等多种组分的泵送剂为宜，除满足《混凝土外加剂应用技术规范》（GB 50119—2003）的相关要求外，还应满足可泵性的综合技术要求。

### 4.5.4 可泵性评价

混凝土的可泵性主要通过坍落度和压力泌水值双指标来评价。

高层泵送混凝土配合比的设计与普通混凝土的设计基本相同，但在用水量、砂率的确定和外加剂及混合材料的选择上有其特殊性。

混凝土在达到工程要求的强度和耐久性的前提下，调节新拌混凝土的坍落度和压力泌水值，从而得到最佳的可泵性，主要从以下几方面进行控制和调整：

（1）增加混凝土坍落度：混凝土拌合料的坍落度根据泵送高度和水平距离确定，一般有效高度 100m 以上时，坍落度控制应大于 180mm；有效高度 150m 以上时，坍落度控制应大于 200mm；有效高度 200m 以上时，坍落度控制应大于 220mm，但不宜大于 240mm。

（2）适当增大水泥用量：在一定的水灰比条件下，适当增大水泥用量，提高混凝土的流动性，减少泌水。

（3）适当提高混凝土砂率：砂率对泵送混凝土的可泵性有较大影响，细颗粒物料的增加可减少泌水，调整砂率可以调节坍落度和压力泌水值，因此与普通混凝土配合比设计相比，高层泵送混凝土砂率应适当增大。

（4）改善集料级配：采用级配良好的集料，集料的堆积空隙尽量小，集料空隙小时不仅降低水泥的用量，还能有效避免混凝土产生离析，同时减小集料与管壁的摩擦阻力。

（5）掺加混凝土泵送剂：高层泵送混凝土要求坍落度较大，因此拌合物中一般加入泵送剂，在不增加用水量的情况下，有效增加混凝土的坍落度。

（6）适当添加引气成分：在泵送剂中适当添加引气成分，增加混凝土的含气量，引入的气泡在水泥浆中起滚珠作用，提高混凝土流动性；同时气泡的引入还能相应减少混凝土泌水。但引气剂的掺量不得过多，否则会造成混凝土的强度下降，一般泵送混凝土的含气量不宜大于 4%。

（7）掺加矿物掺合料：掺加矿物掺合料可提高混凝土的可泵性，因为矿物掺合料的多孔表面可吸附较多的水，从而减少压力泌水值。

总之，坍落度和压力泌水值双指标综合评价混凝土的可泵性，高层泵送混凝土的设计要点是：通过调节各种工艺参数来使坍落度和压力泌水值达到满意的配合；在掺合泵送剂的同时加入引气成分，能有效地提高可泵性和适当减少坍落度损失；掺加一定量矿物掺合料可提高混凝土的可泵性。

### 4.5.5　泵送机械的选择

对于超高建筑，要求输送泵能将混凝土输送至 200 多米高处，需要根据现场施工的实际情况选用相应的混凝土输送泵，一般选用三一重工生产的 HBT 80C－1818D 拖式混凝土泵，见表 4-5-1。

HBT 80C－1818D 地泵主要技术参数　　　　表 4-5-1

| 技术参数 | 地泵型号 | | HBT 80C－1818D | |
|---|---|---|---|---|
| 混凝土输送理论压力（MPa） | 高压小排量 | | 18 | |
| | 低压大排量 | | 10 | |
| 混凝土输送理论排量（m³/h） | 高压小排量 | | 48 | |
| | 低压大排量 | | 86 | |
| 柴油机主动力（kW） | 额定功率 | | 161 | |
| 主油泵 | 额定工作压力（MPa） | | 32 | |
| | 额定工作流量（l/min） | | 405 | |
| 理论最大输送距离（m） | 输送管径 | $\phi125mm$ | 水平 | 垂直 |
| | | | 1000 | 320 |
| 最大骨料尺寸（mm） | 输送管径 | $\phi125mm$ | 40 | |
| | | $\phi150mm$ | 50 | |

| 地泵型号 技术参数 | HBT 80C—1818D |
| --- | --- |
| 输送缸缸径×最大行程（mm） | $\phi 200 \times 1800$ |
| 料斗容积×上料高度（m³/mm） | $0.7 \times 1320$ |
| 液压油箱容积（L） | 670 |
| 液压油型号及工作温度（壳牌 AW68 号） | 45～60℃ |
| 轮距 | 1844 |
| 外形尺寸：长×宽×高（mm） | $7070 \times 2099 \times 2635$ |
| 总质量（kg） | 7500 |

## 4.5.6 地泵及泵管的布置

高泵程混凝土施工泵管的布置十分重要，合理布置泵管走向可以减少混凝土的坍落度和压力损失，保证混凝土输送顺利。相反泵管布置不合理，则会给施工造成混凝土坍落度损失过大、压力衰减过快，造成输送至工作面上的混凝土无法施工，甚至混凝土无法输送到工作面上。因此泵管的布置和走向要以最短路径、最少的弯头数量为原则。

楼板混凝土施工时，预先在楼板上设置泵管预留洞，首层泵管转向处及每层泵管用 $\phi 48 \times 3.5$ 钢管进行加固（图 4-5-1）。固定好垂直管，以混凝土泵送时用手触摸管道外壁，可只感到骨料

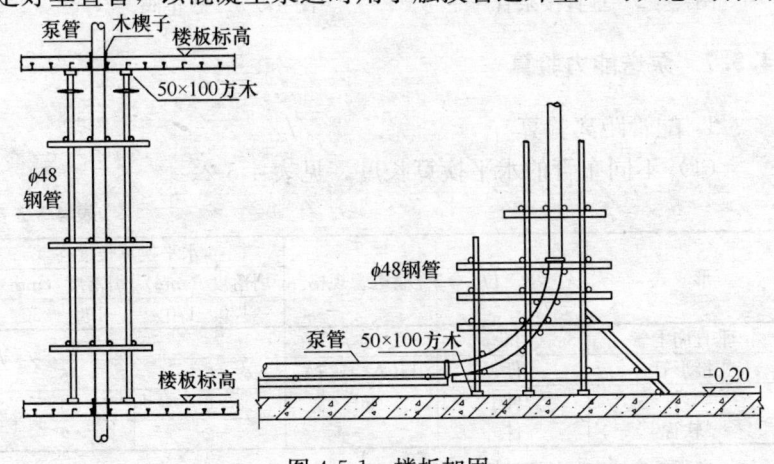

图 4-5-1 楼板加固

的流动而泵管无颤动或晃动为准。

为防止泵管高度过大造成混凝土拌合物反流，每隔 20 层设置一段水平管，从楼板的另一侧向上垂直接泵管，见图 4-5-2。

63F(233.2)

竖直泵管

水平泵管

40F(143.65)

竖直泵管

水平泵管

20F(74.85)

竖直泵管

水平泵管

1F(-0.20)

图 4-5-2 垂直接泵管

水平管的长度不宜小于垂直管长度的 1/4，且不宜小于 15m。同时在混凝土泵机 Y 形管出料口 3～6m 处的输送管根部设置截止阀，（图 4-5-3），以防混凝土拌合物反流。

楼板施工面上的水平管越短越好，由于楼板上的水平管是临时性的，且泵送压力较小，可采用方木直接垫起，垫方木的位置尽量选择在钢梁上。

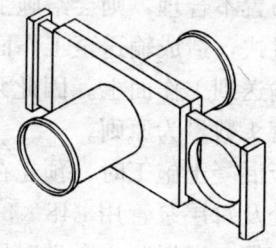

图 4-5-3 截止阀

### 4.5.7 泵送能力验算

1. 配管距离验算

（1）不同布管的水平换算长度，见表 4-5-2。

表 4-5-2

| 形　式 | 单　位 | 输送管规格 | 水平换算长度 | |
|---|---|---|---|---|
| | | | 坍落度（mm）130～170 | 坍落度（mm）190～230 |
| 垂直向上管 | m | 125A | 4 | 4.5 |
| 锥形管 | 件 | 150A～125A | 6 | 6 |
| 弯管 | 件 | 90° | 6 | 6 |
| 软管 | 件 | | 2 | 2 |

注：向下管道按实际长度计算。

（2）混凝土泵最大水平输送距离

$$L_{max} = P_{max}/\Delta P_H \qquad (4\text{-}5\text{-}1)$$

$$\Delta P_H = \frac{2}{r_0}\Big[K_1 + K_2\Big(1 + \frac{t_2}{t_1}\Big)V_2\Big]\alpha_2$$

$$K_1 = (3.00 - 0.01S_1)10^2$$

$$K_2 = (4.00 - 0.01S_2)10^2$$

式中　$L_{max}$——混凝土泵最大水平输送距离（m）；

　　$P_{max}$——混凝土泵最大出口压力（Pa）；

　　$\Delta P_H$——混凝土在水平输送管内流动每米产生的压力损失（Pa/m）；

　　$r_0$——混凝土输送管半径（m）；

　　$K_1$——黏着系数（Pa）；

　　$K_2$——速度系数（Pa/m·s）；

　　$S_1$——混凝土坍落度（mm）；

　　$\dfrac{t_2}{t_1}$——混凝土泵分配阀切换时间与活塞推压混凝土时间之比，一般取 0.3；

　　$V_2$——混凝土拌合物在输送管内平均流速（m/s）；

　　$\alpha_2$——径向压力与轴向压力之比，普通混凝土取 0.90。

【例】　水平管总长 125m，垂直距离 240m，选用管径 125mm，根据厂家提供的地泵压力与泵送量关系曲线图得出，系统压力在 32MPa 的情况下地泵泵送量为 48m³/h，约合 0.0133m³/s。

$$V_2 = Q/A = 0.0133/(3.14 \times 0.0625^2) = 1.084\text{m/s}$$

混凝土坍落度 $S_2$ 取 200mm，则

$$K_1 = (3.00 - 0.01 \times 200) \times 10^2 = 100\text{Pa}$$

$$K_2 = (4.00 - 0.01 \times 200) \times 10^2 = 200\text{Pa/ms}$$

$$\Delta P_H = \frac{2}{0.0625}[100 + 200(1 + 0.3) \times 1.084] \times 0.9$$

$$= 10997a/m$$

$$L_{max}=18\times10^6/10997=1636m$$

现场配管长度（水平管＋向上垂直管＋弯管＋软管）$L=$
$120+240\times4.5+6\times6=1236m<L_{max}$

2. 压力验算

（1）压力损失，见表 4-5-3。

表 4-5-3

| 管件名称 | 换算量 | 换算压力损失（MPa） |
|---|---|---|
| 水平管 | 每 20m | 0.10 |
| 垂直管 | 每 5m | 0.10 |
| 90°弯管 | 每只 | 0.10 |
| 45°弯管 | 每只 | 0.05 |
| 管路截止阀 | 每个 | 0.80 |
| Y 形管 125～150mm | 每只 | 0.05 |
| 分配阀 | 每个 | 0.08 |
| 混凝土泵启动内耗 | 每台 | 2.80 |

（2）压力验算

压力损失 $120/20\times0.1+240/5\times0.1+0.1\times6+0.8+0.05+0.08+2.8=9.73MPa<18MPa$，满足（水平管＋垂直管＋弯管＋管路截止阀＋Y 形管＋分配阀＋泵启动内耗）
经验算所用地泵能够满足现场施工需要。

### 4.5.8 混凝土运输

（1）泵送混凝土采用预拌制混凝土，因此要选择距离近、交通流量小的道路行驶。混凝土浇筑尽量选择在夜间或凌晨 4～5点，此时道路上车辆少，混凝土运输车行驶较快，有利于缩短运输时间，便于连续施工。

（2）施工现场应规划好交通路线，每次浇筑前应先将施工道路清理干净，现场设置交通安全员，调度协调车辆行驶。现场工作人员应时时与搅拌站联系，控制现场的混凝土运输车辆不能过少也不能过多。

（3）混凝土搅拌运输车在运输途中，其拌筒应保持 3～6r/min 的慢速转动。

（4）混凝土运抵现场后，试验人员要对每车混凝土的坍落度等技术指标进行检测，对不合格的混凝土（尤其是坍落度损失过大的混凝土）一律退回。

（5）搅拌运输车在给泵喂料之前，先中、高速旋转拌筒，使混凝土拌合均匀；开始喂料时，宜先低速出一点料，观察卸料情况，如有大石子夹水泥浆先流出，说明拌筒内拌合物已沉淀，应将拌筒高速旋转 2～3min 再出料。喂料时反转卸料应配合泵送均匀进行，且应使集料斗内的混凝土保持在高度标志线以上；中断喂料作业时，搅拌车的拌筒应低转速搅拌混凝土。

（6）混凝土泵的进料斗上，应安置筛网并设专人监视喂料，防止粒径过大骨料或异物吸入泵内。

## 4.5.9　混凝土泵送

（1）混凝土泵送应有统一指挥调度，保证施工顺利进行，配备对讲机，保证地泵处、施工面及搅拌站之间联络畅通。

（2）施工前对地泵进行检查检修调试，以防出现机械故障影响施工。

（3）地泵启动后，先泵送适量水湿润泵的料斗、活塞及输送泵管；经泵水检查，确认泵和管中无异物后，再泵送与混凝土同组分的水泥砂浆，用以润滑地泵和输送管道的内壁。

（4）开始泵送时，泵应处于慢速、均匀并随时可反泵的状态；泵送速度应先慢后快、逐步加速，应保证正常的速度连续泵送，并能及时排出故障。同时应观察泵的压力和各系统的工作情况，待各系统运转顺利后，方可以正常速度泵送。

（5）泵送混凝土时，活塞应保持最大行程运转，使泵满负荷工作，提高机械效率，减少活塞磨损。水箱或活塞清洗室中应经常保持充满水。

（6）泵送混凝土时，如果输送管内吸入空气，应立即反泵，将混凝土吸入料斗，排出空气后再泵送。

（7）混凝土泵送应连续进行，当遇到混凝土供应中断的情况下，应采取慢速和间歇泵送，并要满足所泵送的混凝土从搅拌到浇筑完成所延续的时间不超过初凝时间；中断泵送期间，可利用搅拌运输车的料，进行慢速间歇泵送，慢速间歇泵送时，应每隔 4～5min 进行 4 个行程的正反泵，防止混凝土拌合物结块或沉淀而造成堵管。

（8）当混凝土泵出现压力升高且不稳定、油温升高、输送管明显振动等现象而泵送困难时，不得强行泵送，应立即查明原因，排出故障。

### 4.5.10 输送堵管的原因及排除方法

1. 发生堵管的原因一般有以下几种情况：

（1）混凝土均质性不好，坍落度过大或过小，混凝土可泵性差；

（2）大颗粒石子粒径超过管径的 1/2，或针片状骨料含量高；

（3）泵管接头不紧密，漏气、漏浆、泌水，拌合物失去流动性；

（4）泵管内壁清洗不干净，管壁粗糙，增加混凝土流动的磨阻力。

2. 排除方法

（1）骨料应采用连续级配，粗骨料最大粒径与输送管径之比：泵送高度在 50～100m 时，宜在 1:3～1:4；泵送高度在 100m 以上时，宜在 1:4～1:5。针片状颗粒含量不宜大于 10%。

（2）泵管连接处一定要加橡皮圈，卡箍件要卡牢，防止漏气、漏浆。

（3）用木槌敲击查明堵塞部位，将该部位的混凝土击碎后，重新进行反泵和正泵，排出堵塞。

（4）重复进行反泵和正泵，逐步将混凝土吸出至料斗中，重新搅拌后再泵送。

（5）当按照（3）和（4）操作无效时，应在混凝土卸压后，拆除堵塞部位的泵管，排出混凝土堵塞物后，再接管。重新泵送前，应先排除管内空气后方可拧紧接头。

### 4.5.11　季节施工

1. 夏期施工

夏期高温下泵送混凝土时，由于混凝土坍落度短时间内损失大，管道内受泵压以及管温过高等因素影响，混凝土坍落度泵损较快，如果泵送间隔过长，就容易发生堵塞。混凝土泵液压油温升高超过要求的工作温度，也会造成泵机不能正常运转。为了保证高温下混凝土泵的正常工作，可采取如下措施：

（1）混凝土搅拌时加冰水及缓凝剂、用冷水浇粗骨料，控制混凝土入模温度；

（2）加强调度，合理安排搅拌车运输车次，减少混凝土中断供给时间，保证连续泵送，同时避免压车过多，保证混凝土在到场 1.5h 内浇筑完毕，距混凝土出站时间 3h 以上，混凝土不得使用；

（3）混凝土浇筑时间尽量选择在晚上或凌晨气温较低的时段；

（4）混凝土泵加装遮阳装置，避免太阳直射；

（5）泵管上覆盖两层麻袋片，并保持浇水湿润；

（6）泵送前用冷水冲洗泵管降温，泵送结束后，立即清洗管道。

2. 冬期施工

（1）混凝土必须掺合有防冻、早强、减水、保塑组分的复合外加剂，必须能够保障混凝土在环境温度不低于 $-15℃$ 的情况下不得受冻，尤其是高于 100m 泵送高度的混凝土，采用负温法进行施工准备和混凝土的配合比准备时；

（2）混凝土罐车必须安装保温套；

（3）泵管用草帘被包裹保温；

（4）控制混凝土入泵温度不低于 10℃，入模温度不低于 5℃。

### 4.5.12 其他注意事项

（1）现场浇筑时，有关技术人员和质量人员现场旁站，对混凝土的浇筑现场时时现场指导、纠正。现场浇筑时配备足够的人工，一旦出现堵管的现象，迅速组织抢修，及时排除堵塞物。

（2）施工中应全面考虑由于混凝土泵送高度、施工气温以及泵送时间的影响，造成混凝土坍落度降低，要及时通知搅拌站进行配合比的调整。

（3）所用输送管的管径不得小于 125mm（直径不同的泵管严禁混用），现场泵管的布置应减少拐弯，以减小泵送阻力。泵送开始前应先采用砂浆润滑管壁，泵送施工完毕后应及时清洁泵管。泵管加固应牢靠，否则施工时泵管会来回窜动，使泵送压力减小，影响施工。输送管应使用无龟裂、无凹凸损伤、无弯折的管段。对于磨损较大的泵管（如弯头拐弯处的泵管）要经常检查，对磨损较快的泵管要及时更换，防止施工过程中出现泵管破损的危险情况。同一管线中采用新旧管段时，应将新管布置在泵送压力较大的地方。管线布置要横平竖直，垂直管应在同一垂线上。

（4）混凝土坍落度达不到要求的混凝土一律退回，严禁向地泵内加水。

（5）地泵操作手应选用操作熟练、经验丰富的人员，加强对地泵的日常保养。

### 4.5.13 工程实例

1. 北京银泰中心工程

北京银泰中心工程位于北京市朝阳区建国门外大街与东三环的交汇处，北临长安街，东临东三环，南侧为建外 SOHO，西侧为正在建设的"中环市贸"工程。银泰中心工程总建筑面积为 35.75 万 m²，是一个集高档办公楼、五星级酒店和豪华服务式公寓等于一体的特大型现代化建筑。银泰中心地下 4 层，地下建筑面积约 86408m²，南北长 101.8m，东西长 220.8m，基础埋深约为 22.95m。地上由北楼、西楼、东楼 3 座高层塔楼组成，北楼地上 63 层，建筑总高度 249.9m，东、西二楼地上 44 层，建筑高度为 186.0m。北塔楼主体结构为钢结构，楼板为组合式楼板（压型钢板＋焊接钢筋网片＋混凝土）或普通楼板（避难层／设备层）。北楼地上建筑面积约为 100800m²，每层面积约为 1600m²，标准层层高 3.3m、3.4m、3.8m。北塔楼建成后将是北京第一高楼，成为长安街上的标志性建筑。北塔楼楼板厚度为 120mm、125mm、140mm、150mm；楼板混凝土强度等级分别为 LC35（2～5 层）、C40（5 层以上）；最高处的楼板面标高为 233.2m。

该工程采用超高泵送混凝土施工技术，实现了 C40 顶板混凝土、C50、C60 墙体、环梁等部位混凝土的一次泵送，混凝土泵送至结构部位，坍落度的泵损不超过 30mm，和易性和保水性良好，无离析泌水现象。混凝土 28d 强度评定完全满足设计要求。

2. 中环世贸中心工程

中环世贸中心工程，位于银泰中心工程西侧，结构地下 4 层，地上 33 层，高度约 150m，采用超高泵送混凝土施工技术，实现了 C40、C35、C30 顶板混凝土、C35、C40、C50、C60 墙体等部位混凝土的一次泵送，混凝土泵送至结构部位，坍落度的泵损不超过 20mm，和易性和保水性良好，无离析泌水现象。混凝土 28d 强度评定完全满足设计要求。

# 参 考 资 料

[1]  杨嗣信. 建筑业重点推广新技术应用手册. 北京：中国建筑工业出版社，2003

[2]  侯君伟，张玉明. 钢筋工程实用手册. 北京：中国建筑工业出版社，2008